中华传统文化普及丛书

中国建筑浅话

三喜题

北京尚达德国际文化发展中心　组编

史　芳　编著

中国人民大学出版社

·北京·

中华传统文化普及丛书

总　序

感谢“中华传统文化普及丛书”的出版！它以历史巨人的眼光俯视古今，这对于复兴中华、古为今用是功不可没的。

本套丛书包蕴广博、涉猎天下。

首先，历史是一面宝鉴，它以独特的真实照耀古今，从而清晰地记录了人类的文明。

中华文明历经数千载，以德风化育子孙，高度认可人类文明的血缘性。以“孝亲敬贤”为核心的民俗，流成永恒的智慧清泉，润泽着后人的心田。

中华文明世代相传，骨肉亲情诞生了仁德的孝亲制度，使中国成为礼仪之邦，友善外交也在历代传承不断。今日中国“一带一路”的外交国策不也充满了我们与邻邦之间互助、友爱的仁德之善吗？

当科技文明的新潮涌来时，人人皆知上有天文，世用医道，农田城建，数据运算，何处不“工匠”？本套丛书溯本追源，力述大国工匠的初心，向今人展示中华科技成就的璀璨，弘扬科技创造，鼓舞万众创新，以实事求是的精神推动社会生产力的发展。

中华民族是龙的传人，早在中华文明的摇篮期就孕育了“美丽中国梦”。在先祖博弈大自然时，就出现了原始文化群体。既有夸父逐日之神，也有女娲补天之圣。古人在希望与奋斗中，唤起人类生存的能量，充满了胜利与光明。这不正是民族自信的理想之光么？

“天行健，君子以自强不息”的积极精神引导着“中国模式”的当代实践，正是“美丽中国梦”的千古传薪！

自信与创新是“梦”之真魂。中国汉字、文学、书法、绘画、音乐等，也都在承前启后，以百花盛开之势，铸魂“中国梦”。

春秋战国时期，诸子蜂起，百家争鸣，先哲们各有经典问世，成就了中华信仰文明——儒、道、兵、法等家，后有佛教传入，皆为中华信仰及思想之根。

人民是历史的主人，中华文化是中华各族人民共同创造的。纵观历史，不忘初心，继续前进。感谢各位专家奉献各自的智慧，普及中华传统文化的精华，造福读者。感谢编委们历尽辛劳，使群英荟萃，各显其能。

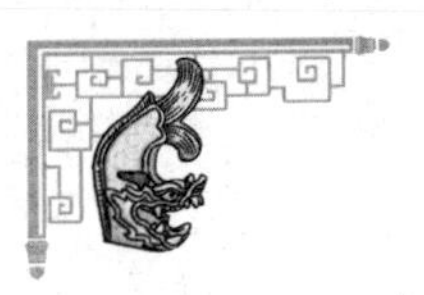

本套丛书尊重历史，古为今用；内容丰富，深入浅出。有信仰经典之正，有文韬武略之本，有科技百花之丰，有人文艺术之富，“正本丰富”可谓本套丛书的编写风格。

祝愿读者在“中华传统文化普及丛书”中，取用所需，传播社会，在世界文明的海洋中远航，使中华芬芳香满世界。

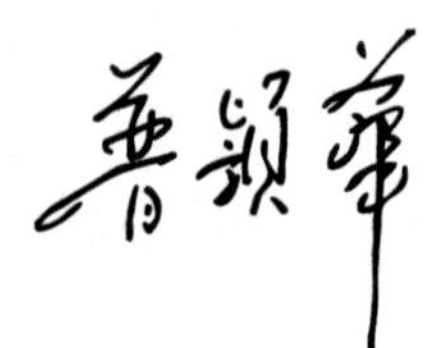

编写说明

中国是四大文明古国之一，我们的祖先创造了辉煌而丰富的文化，无论是文学艺术还是科学技术，其文明成果至今都令世人惊叹不已。英国著名历史学家汤因比曾经说过："世界的未来在中国，人类的出路在于中国文明。"中华民族数千年来积累的灿烂文化，积淀着中华民族最深沉的精神追求，是中华民族生生不息、发展壮大的丰富滋养，亦是我们取之不尽、用之不竭的思想宝库。

让广大青少年在轻松愉悦的阅读中获得传统文化的滋养，以此逐渐培养他们对中华优秀传统文化的自信心、敬畏心，为未来国家的主人们奠定创新的基石，这是我们的夙愿。为了让读者尤其是广大青少年能有机会较为系统地了解璀璨的中华文明，感受中华民族文化内涵的博大精深，我们特邀数十位相关领域的权威专家、学者为指导，编写了这套"中华传统文化普及丛书"。

本套丛书包括《中国思想浅话》《中国汉字浅话》《中国医学浅话》《中国武术浅话》《中国文学浅话》《中国绘画浅话》《中国书法浅话》《中国建筑浅话》《中国音乐浅话》《中国民俗浅话》《中国服饰浅话》《中国茶文化浅话》《中国算学浅话》《中国天文浅话》，共十四部。每一部都深入浅出地展现了中华传统文化的一个方面，总体上每一部又都是一个基本完整的文化体系。当然，中华文化源远流长、广博丰富，本套丛书无法面面俱到，更因篇幅所限，亦不能将所涉及的各文化体系之点与面一一尽述。

本套丛书以全新的视角诠释经典，力图将厚重的中华传统文化宝藏以浅显、轻松、生动的方式呈现出来，既化繁为简，寓教于乐，也传递了知识，同时还避免了枯燥乏味的说教和令人望而生畏的精深阐释。为增强本套丛书的知识性与趣味性，本套丛书还在正文中穿插了知识链接、延伸阅读等小栏目，尽可能给予读者更丰富的视角和看点。为更直观地展示中华文化的伟大，本套丛书精选了大量精美的图片，包括人物画像、文物照片、山川风光、复原图、故事漫画等，既是文本内容的补充，也是文本内容的延伸，图文并茂，共同凸显中华文化各个方面的历史底蕴、深厚内涵，既充分照顾

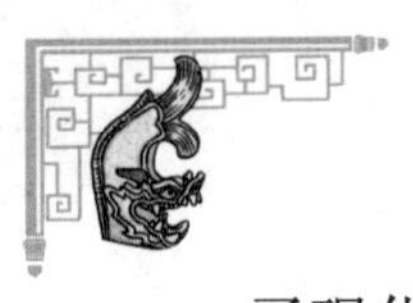

了现代读者的阅读习惯，又给读者带来了审美享受与精神熏陶。

文化是一个极广泛的概念，一直在发展充实，它多元多面、错综复杂。本套丛书力求通过生动活泼的文字、精美丰富的图片、精致而富有内涵的版面设计，以及富有意蕴的水墨风格的装帧等多种要素的结合，将中华传统文化中璀璨辉煌的诸多方面立体地呈现在读者面前。希望读者能够在轻松阅读的同时，从新视角、新层面了解、认识中华传统文化，增强文化自信；同时启迪思考，推动我们中华优秀传统文化的传承、复兴和创新发展。

前　言

建筑是凝固的音乐，见证着历史的变迁，凝结着人民的智慧，更是各族人民传统文化的体现。中国建筑是世界建筑史上延续时间最长，分布地域最广，有着特殊风格和建构体系的造型与空间艺术，是中国劳动人民用自己的血汗和智慧创造的辉煌文明，是艺术与技术的结晶。

那么，究竟何为建筑呢？广义上讲，园林景观、城市街道同样属于建筑学研究的范畴。因此可以说，建筑是人们生活中不可或缺的重要组成部分。建筑是建筑技术与建筑艺术的结晶。建筑学中所指的建筑物主要指房屋，即有地基、墙、顶、门、窗，能够遮风挡雨，供人在内居住、工作、学习、娱乐、储藏物品或进行其他活动的场所。建筑按使用性质，可分为居住建筑、公共建筑、工业建筑、农业建筑等。

中国的传统建筑，既要考虑长幼尊卑，又要考虑朝向差异；南方要考虑防洪，北方要考虑御寒；既要考虑美观大气，又要考虑诗情画意；既要中心对称，又要融为一体。这些无不体现出“天人合一”的自然观、阴阳有序的环境观与中国传统文化的意境。

中国建筑与欧洲建筑、伊斯兰建筑并称为世界三大建筑体系，而中国建筑是世界上历史最悠久、体系最完整的建筑体系之一。从单体建筑到院落组合、从城市规划到园林建置等，中国建筑在世界上都独具特色。中国建筑历经数千年的发展，给我们留下了丰厚的文化遗产。无论是一栋房子、一座牌楼还是一处庙宇，都是宝贵的财富，值得我们细细品味。

中国传统建筑博大精深。你对中国传统建筑艺术了解多少？对中国古建筑所蕴藏的传统文化了解多少？对中国传统建筑的类别、特色又了解多少呢？现在就跟随我们一起去探索中国传统建筑文化的宝藏吧！

目　录

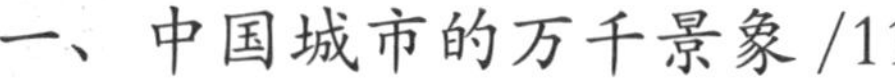

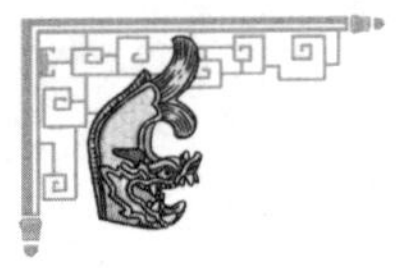

第三章　鬼斧神工——中国建筑 /36

第四章　诗情画意的中国园林 /74

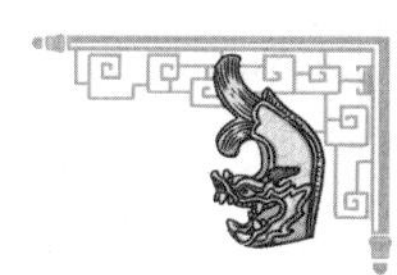

第一章　纵览中国建筑

建筑作为人类最主要的创造物之一，是不同时代技术和文化的结晶，是社会政治、经济、文化的体现，更是人民生活水平、模式与情趣的写照。下面，就让我们一同进入中国建筑的纵览路线吧！

一、地理环境线

中国幅员辽阔，背倚大陆、面向海洋，地势西高东低，自西向东逐渐下降，形成巨大的阶梯状斜面。中国多山、河、湖，自然景观丰富。因此，能看到面朝大海、春暖花开的小屋，也能看到依山靠河就势而建的吊脚楼；能看到搭建在茂密森林中的树屋，也能看到隐藏于黄土坡中的窑洞。

丹霞地貌

树屋

中国自北向南跨越 6 个不同的气候带，气候变化十分复杂，各地干湿状态的差别也较大。复杂多变的气候与环境因素对建筑的影响非常巨大，主要体现在南北差异上。如果留心观察，你会发现，为了保暖，北方的墙体比南方的至少厚 100 毫米；为了适应南方的多雨环境，南方的屋顶更加倾斜，檐廊更宽；考虑到阳光照射的问题，北方南面窗户的开窗面积明显大于北面，而南方则不会在意这个。

窑洞

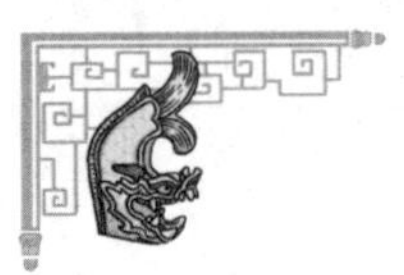

可以说，中国复杂多变的地理环境造就了百花争艳的中国传统建筑。

南北方屋顶坡度对比

二、历史脉络线

中国建筑有 8 000 多年的历史，历经萌芽、发展、成型与转变等诸多阶段，从原始社会满足基本生产与生活的需要到形成中国传统建筑特点，成为世界建筑体系中无可替代的一部分。从古至今，建筑的发展都受到社会、经济、文化发展的多重影响，时而发展缓慢，时而发展迅速。同时，中国建筑也会受到外来文化的影响。就让时间飞轮倒转，引领我们一起来回顾中国建筑伟大的发展历程吧！

原始人的居所代表——北京周口店山顶洞

在距今约五十万年前的旧石器时代，原始人类无法征服自然，就不得不利用自然形成的崖洞作为栖身之所。例如，北京市西南房山区周口店附近就发现有原始人居住过的崖洞。据考证，这里临近小河，河的两岸就是原始人打猎的地方。到了新石器时代，黄河中游的氏族部落就在以黄土层为壁体的土穴上利用泥土、杂草和木架建造简单的穴居，并逐步形成了地面上的建筑，进而形成原始聚落。

中国的奴隶社会始于夏朝，发展于商朝，经过西周后终止于春秋时期。奴隶制度的发展使社会财富掌握在少数人手中，统治阶级高高在上，文化、

艺术、技术的发展也呈现出奴隶制与等级制度的特征。商朝已有较成熟的夯土技术，并建造了大规模的宫室和陵墓；春秋时期，宫室多建在高大的夯土台上，形成了高台建筑；春秋、战国时期，各诸侯国均各自建造了以宫室为中心的都城。这是中国古代建筑的萌芽，并逐渐进入了发展阶段。

封建社会始于战国时期，此后中国古代社会的朝代几经更迭，大体分为五个时期：战国、秦汉、三国时期；魏晋南北朝时期；隋唐时期；宋辽金时期；元明清时期。

在战国、秦汉、三国时期，中国古建筑出现了第一次发展高潮：作为建筑结构主体的木构架已趋于成熟，重要建筑物上普遍使用斗拱，木构楼阁逐步增多；屋顶形式多样化，悬山、歇山、庑殿、攒尖均已出现，有的被广泛采用；砖石、拱券结构有了较大发展；城市规模比以前扩大，城市规划有所改进。

魏晋南北朝时期是中国历史上的一次民族大融合时期，由于统治阶级利用宗教作为精神统治工具，促成了宗教建筑，特别是佛教庙宇、寺塔建筑的大规模兴建与发展，也出现了许多石窟以及精美绝伦的壁画与雕塑，成就了中国古代建筑史乃至艺术史的辉煌。

隋唐时期的建筑，既继承了前代成就，又融合了外来影响，形成一个独立而完整的建筑体系，并在城市规划方面有了很大的进步。隋朝的都城大兴城规模宏大、分区明确、街道规整，开创了新型的城市格局，而唐朝的都城长安和东都洛阳在隋朝的基础上继续采用里坊制的格局，长安也是当时世界上最大的城市。宋辽金时期，建筑技术成熟，建筑形式丰富且形成南北风格，城市的变化也更适应商业、手工业的发展需要，山水园林的诗画风格逐渐兴起。因此，这两个时期可以称为建筑的成型阶段。

元、明、清三朝统治中国六百多年，其间除了元末和明末有短时割据战乱外，大体上保持着统一的局面，可将这一时期称为建筑的成熟阶段。元代营建大都及宫殿，明代营建南、北两京及宫殿，在建筑布局方面更为成熟、合理，建筑的类型、装修、装饰、家具、色彩等趋于成熟。明清建筑是中国封建社会建筑的最后一个发展高潮，许多建筑佳作至今仍保留着，如京城的宫殿、坛庙，遍及全国的佛教寺塔、道教宫观，以及民居建筑、城垣建筑等。同时，帝王苑囿与私家园林也得到了巨大的发展，如京郊的园林、两朝的帝

陵、江南的园林，可视其为中国历史上的一个造园高潮。清朝末期，由于封建专制政治制度逐渐停滞并走向解体，官式建筑也趋于程式化、定型化，建筑装饰更加琐碎繁缛。

从 1840 年鸦片战争爆发到新中国成立前，中国近现代建筑处于承上启下、中西交汇、新旧接替的阶段。在此期间，中国在通商口岸租界内建造了大批砖木混合的西式建筑。多元化风貌的环境，也孕育出梁思成等一批中国建筑的大家，让建筑有了更多传承与重现风华的契机。综上所述，中国建筑的历史脉络可谓起伏跌宕。

中国建筑的历史脉络

阶段	历史时期	建筑特点	建筑代表
萌芽阶段	距今8 000年前的新石器时期	出现木骨泥墙，木结构榫卯，地面式建筑，干栏式建筑	仰韶文化、河姆渡文化发源地
	夏代、商代	有堡垒森严的城市和建于土台上的大殿，出现了廊院	部分陵墓、遗址，暂无实物可考
发展阶段	周代、春秋战国	追求高大、华丽、宏伟，出现了瓦、砖、斗拱、高台建筑	燕、赵古都
	秦代	宏伟、壮美	上林苑、阿房宫
	汉代	宫殿雄伟、威严，后苑及附属建筑雅致、玲珑	长乐宫、未央宫
	魏晋南北朝	寺庙建筑	云冈石窟、龙门石窟
成型阶段	隋、唐时期	气势雄伟、粗犷简洁、色彩朴实	香积寺善导塔、大雁塔、玄奘塔
	两宋	精巧华丽、纤缛繁复、色彩绚丽	北宋皇城大内宫殿
成熟阶段	元代、明代、清代（1840年之前）	拼合梁柱被大量使用，斗拱的作用衰退，设计标准化，砖石建筑普及，生产制造专业化	明清北京城、故宫、皇家园林及私家园林
解体阶段	清代（1840—1911年）	欧式建筑之风大盛	通商口岸的许多西式建筑

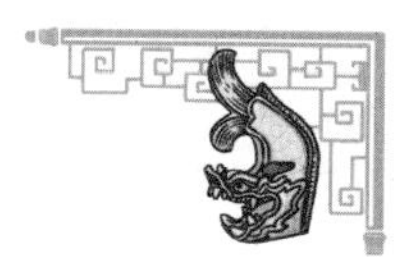

梁思成（1901—1972），籍贯广东新会，我国著名的建筑历史学家、建筑教育家和建筑师，是中国古建筑史研究的奠基人之一，终生致力于中国古代建筑的研究和保护。梁思成先后在美国宾夕法尼亚大学建筑系和哈佛大学学习，回国时专程绕道欧洲，将所学过的建筑物都浏览了一遍，对建筑进行实地考察。他回国后在东北大学执教，成立了中国现代教育史上第一个建筑学系。

三、建筑之“形”线

安徽鲍家花园砖雕

所谓“形”，即中国建筑的造型、布局等特点。中国传统建筑充满了人文色彩，我们常会用雄伟、高大、秀丽、轻巧等来形容它们。其实，如果你能了解先人们赋予原本无生命的建筑的寓意，你就可以了解更多中国传统文化的深刻含义。因此，中国传统建筑具有深厚的可读性。例如，不同的屋顶代表不同的规格，不同的建筑雕饰、彩绘表达着不同的寓意。

等级最高的重檐庑殿顶——太和殿

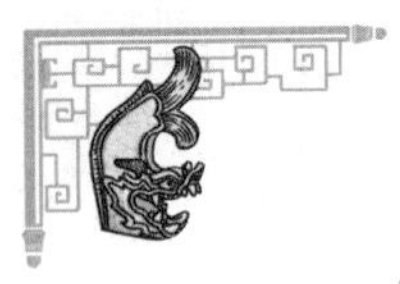

中国传统建筑的形式美，体现于其对称与均衡、序列与节奏、对比与微差、比例与尺度。从城市规划的里坊制度、宫殿建筑群的三朝五门、左祖右社，到院落空间的合院设计、园林的风景式布局，再到建筑的三段式结构、藻井花纹，无不体现出中国传统建筑的形之美和中国传统文化的博大精深。

中国传统建筑的精神，如儒家文化一般，讲究内秀。其外观一般都比较简单、朴实，进入院内才发现其内涵之丰富，景色之优美。如四合院，四面围合，进入其中才发现院落宽敞，尽揽美景。苏州园林也是如此，园门极其简单，进入其中才发现曲折回转，别有洞天。正如君子一般，外表朴实无华，内在精彩万分。

四合院

苏州园林

四、建筑之“意”线

所谓“意”，即中国建筑的寓意、文化等特点。中国传统建筑深受中国传统文化的浸润，内涵丰富，耐人寻味。

中国古人的思维多受到《易经》的影响，在建筑上也不例外。比如，中

国古代建筑为什么喜欢用木结构而不是石材呢？其实并不是技术问题，而是由于社会文化的影响。以中国人所崇尚的五行观念来说，在“金、木、水、火、土”中，“木”象征春天、生命、绿色，所以多用来给活着的人制造房屋；而“土”则为砖、石，既是万物生长之母，又是万物归根后化为尘土的结果，因此多用于为先人修建陵墓、墓室。

中国人从古至今崇尚自然，追求天人合一的境界，正所谓“天时、地利、人和”缺一不可。因此，师法自然、天人合一的思想贯穿在建筑中，与自然美相结合，呈现出你中有我、我中有你的景象。

建筑与景观融为一体的园林

中国传统建筑所蕴含的严格的等级制度和尊卑长幼的寓意，也是由于受到了传统儒家文化中礼制思想的影响，并通过布局、外形、色彩、符号等表现了出来。例如，中国所有的建筑布局都是中间的位置是重要的、关键的，是长辈与尊贵的象征，两边则相对次之，就和拍团体照时，年长、德高望重或地位尊贵的人会位于中间是一样的道理。

于是，我们就能更清楚地知道，为何屋顶形式以庑殿等级最高，次之为歇山，再次才是悬山、硬山等，重檐的级别高于单檐。清代彩画也分为等级最高的和玺彩画，次之的旋子彩画和等级最低的苏式彩画。由这些建筑细部中体现出的严格的等级制度，可以看出中国传统文化对中国古代建筑无法抽离的深远影响。

园林中常用的框景手法

情由景生，境由心造，情景交融就能产生丰富美好的意境。中国传统建筑仿佛是无声的诗、立体的画，在营造手法上实现了自然美、建筑美、绘画美和文学艺术的有机统一，并且源于自然而高于自然，巧妙、含蓄地赋予建筑更多的哲理、审美和文化内

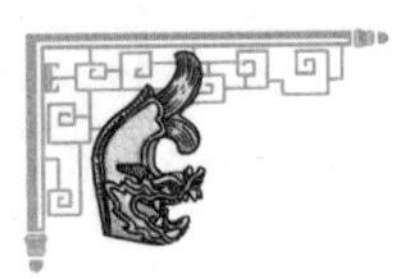

涵。例如，中国传统建筑充满了诗情画意，利用牌匾、诗文、对联等形式表达建筑的内涵与主人的文化品位；而巧夺天工的古典园林也通过借景、对景、障景、框景等建筑手法，将亭阁、走廊、围墙、假山、水池、花木构筑成有机的整体，从而营造出一幅流动的卷轴山水画，使欣赏者流连忘返。

五、建筑之“匠”线

所谓“匠”，即中国传统建筑的建造技艺、技法等特点。中国传统建筑以木结构为主，榫（sǔn）卯结构的形成、灵活多变的空间设计、精巧细致的天花以及园林中精湛的造景艺术，无不体现出中国传统建筑令人叹为观止的深厚功力。北宋时期的《营造法式》作为官方颁布的第一部建筑设计、施工的规范书，是我国古代最完整的建筑技术书籍，标志着中国古代建筑已经发展到新的阶段。

中国古代建筑的外形特征最为显著，屋顶、木构屋身、台基各部分的外形，与世界上其他国家的建筑迥然不同。屋顶有时比屋身更大，更处于视觉中心。我国古代的匠师，充分运用了木构特点，创造了屋顶的举折和屋面的起翘、出檐，形成了犹如鸟翼伸展的檐角和屋顶各部分柔和优美的曲线。屋

《营造法式》宋式大木作（潘谷西《中国建筑史》）

顶坡面曲线的升起做法称为“举架”，各步架升高的比例不同。举架既有利于屋面泄水，又使建筑物外形优美壮观。屋身为建筑的主体，其特点是木构架由柱来承重，柱间可灵活处理。屋身正面很少做墙壁，多做隔扇门窗。台基是我国古代建筑不可缺少的部分，在重要建筑上多为雕刻精致的白色石料须弥座，配以栏杆、台阶，有时可做到两层、三层，使建筑物更显得雄伟、壮观。

中国古代建筑巧夺天工、独具匠心，这精湛技艺的背后，离不开匠人的精耕细作，其中最有名的当属“样式雷”家族。清代200余年，供职于内务府营造司样式房的雷氏家族，从雷发达（清初）至雷献彩（清末、民国初）祖孙八代，从事皇家的建筑设计与营造，在建筑艺术与工艺等方面取得了举世罕见、光耀千古的成就。

康熙年间，三大殿之一的太和殿在上梁之时，康熙亲临行礼。大梁举起，榫卯高悬却落不下，工部官员惊慌失措。雷发达腰里别着斧子，迅速爬到柱上，干净利落的几斧子，榫卯合拢，此时皇帝行礼的大乐还没有奏完呢。礼成后，康熙帝甚是高兴，赐授雷发达为工部营造所掌班。这便是后人赞誉“上有鲁班，下有掌班，紫薇照命，金殿封官”的缘由。

“样式雷”设计的北京圆明园廓然大公烫样

跟随着我们的纵览路线，你是否已经对中国建筑有了初步的了解呢？下面就让我们从城市、建筑、园林三个方面去进一步探究中国传统建筑的奥妙吧！

第二章　万千景象——中国城市

城市是人类最伟大的创造之一，它既是人类文明发展的重要标志，又为人类发展提供了坚实的物质基础和精神基础。中国的城市在悠久的文化积淀过程中形成了其特有的文化传统，它映射着民族的、时代的光辉。中国的城市历经时代变迁，呈现出当今的诸多城市形态。传统城市的特色蕴含着丰富的当地文化，而一些别具特色的街道更成为城市文化的集中体现。

追根溯源

城市是一个人口集中、产业发达、居民以非农业人口为主的地区，通常是周围地区的政治、经济、交通与文化的中心。在古代中国，传统的城市以四周环绕有城墙为其基本的标志。而“城”与“市”属于两个不同的概念。“城”主要指具有防御功能的城墙，内为城，外为郭。“市”主要指用于商品交换、买卖的场所。

分门别类

中国城市的分类，从布局形式上分，可以分为规则形（如北京、成都）和不规则形（如上海、天津、杭州、重庆等）。

在中国历史的发展进程中，形成了一大批历史文化名城，主要分为六种。第一种为古都型城市，如西安、洛阳、北京、开封、南京、杭州、安阳和郑州被称为中国“八大古都”。第二种为传统风貌型城市，主要指历史上积淀下来的有完整建筑群的城市，如平遥、苏州、扬州等。第三种为地方及民族特色型城市，其总体展现地域特色或民族风貌，如丽江、拉萨等。第四种为近现代史迹型城市，主要指反映近现代史上某一时期的建筑特色的城市，如开埠时形成的上海、青岛、哈尔滨；抗战时形成的遵义、延安等。第五种为历史名胜型城市，主要指由优秀建筑群与山水环境叠加而形成的特征鲜明的城市，如承德、敦煌。第六种则为特殊职能型城市，主要指城市中的某种职能有突出地位的城市，如“瓷都”景德镇、“天下第一关”山海关等。

城市特色

1. 城市理念讲究天人合一

中国城市建设受中国传统思想影响，讲究天人合一，将人的行为与大自然有机结合，正所谓“仁者乐山，智者乐水”。人们在城市建造过程中非常注意与周围环境的结合，这种师法自然的观点在城市的选址和规划、建筑的结构与造型，尤其是园林的建置上，得到了充分的体现。

2. 城市选址讲究山水相依

中国古代城市的选址原则主要有以下几个：考虑位置适中、有自然景观及生态因素，提出“郭必依山川”的原则；考虑可持续发展的因素，提出“度地卜食，体国经野”的原则，也就是选择土壤肥沃、宽广的地点作为建城的地方；考虑水源、交通、设险防卫的原则。中国城市历来重视水源的利用与城市的绿化，大多城市都因地制宜将水流引入城内，既满足饮水的需要，又满足美化、改善环境的需要。有的南方城市如丽江，不仅讲求以水护城，还开辟了一套与街道相辅的河道网供交通和排水之用。

3. 城市布局讲究尊卑有序

中国古代的城市可以说大同小异，其空间布局与等级森严的封建伦理文化相对应，整体方正，崇尚居中的位置，通过街巷分隔形成尊卑有序的布局。北京城就是最好的例子。北京城整体呈方形，紫禁城位于最中心的位置，皇帝位于其中；而王公贵族、文武百官则分居其旁，且其居住的建筑也因其等级不同，对房屋的大小、屋顶的型制等都有明确且不能逾越的规定。

特色街道

随着城市的发展，也形成了一些特色鲜明的街道。有被称为“中国里坊制度活化石”的福州三坊七巷，也有展现南洋特色的海口骑楼老街，还有充满传统建筑风貌、展现市井文化的北京胡同和上海里弄等。

一、中国城市的万千景象

（一）皇城威严——北京

悠久历史

北京是中国著名的八大古都之一，迄今已有3 000余年的历史。辽代以前，北京被称为蓟城、幽州等；辽代称南京（燕京）；宋代称燕山府；金

代称中都；元代称大都；明、清称京师，统称北京。在历史上，北京古代城址曾数有变迁，城市的规模、布局亦因其在各个历史时期的不同功能而有所差异。如今，北京城以环路总体布局，形成新城包围老城的格局。就让我们先去探究北京老城的奥秘吧！

古人谋略

北京历来被风水学家视为“山水环抱必有气”的理想都城，其西部的西山为太行山山脉，北部军都山为燕山山脉。两山脉在南口会合，使此地成为兵家必争之地，万里长城正是为保卫疆土而修筑的。山湾环抱北京平原，西北高、东南略低，河流汇集永定河，形成“圣人向南而听天下”的良好之势。北京城整体规划辨正方位、注重风水、讲求对称、突出中心，将皇家威严表现得淋漓尽致。

《考工记·匠人》记载：“匠人营国，方九里，旁三门。国中九经、九纬，经涂九轨。左祖右社，面朝后市，市朝一夫。”这就诠释了古人修建城市的基本思想。中国古代尊崇儒学、讲究礼制，老北京城就是严格按照《考工记》的规定来布局、建设的。

> 译文：匠人营建都城，全城九里见方，每一面开设三个城门。王城中主要的道路为南北干道九条，东西干道九条。每条干道的宽度为九轨。王宫的左面是祖庙，右面是社庙，前面是治事的官府，后面是市集，市集和官府的面积各一百步见方。
>
> 轨：这里指车子两轮间的距离，古代有定制，其广度为古制八尺。引申为车轮过后的痕迹。
>
> 经：南北行的道路。涂：通“途”，道路。

老北京城以城墙分为外城、内城、皇城和紫禁城。以紫禁城为中心，层层守卫。外城接在内城的南面，呈“凸”字形布局。紫禁城就是现在的故宫，是皇帝居住和办公的地方。紫禁城被一条宽 52 米的大河包围，俗称护城河，是重要的防卫设施。

紫禁城是老北京城的中心，紫禁城外是平面呈不规则方形的皇城，它坐落于全城南北中轴线上，四向开门，位于南向的为正门——天安门。在其之南还有一座皇城的前门，清朝时称为大清门，原址在现人民英雄纪念碑南

边、毛主席纪念堂一带。从此门起，至紫禁城直达北安门（清朝时改名为“地安门”），帝王宫廷建筑完全占据这一轴线。按照传统的宗法礼制思想，又在宫城前面左侧建太庙，右侧建社稷坛；在内城外南、北、东、西四面建造天坛、地坛、日坛、月坛。天安门前左右两翼为五府六部的衙署。紫禁城内皇家建筑体量宏伟，色彩亮丽，与一般市民的青灰瓦顶的住房——四合院形成鲜明的对比，明显能让人感受到封建帝王的权威和至高无上的地位。

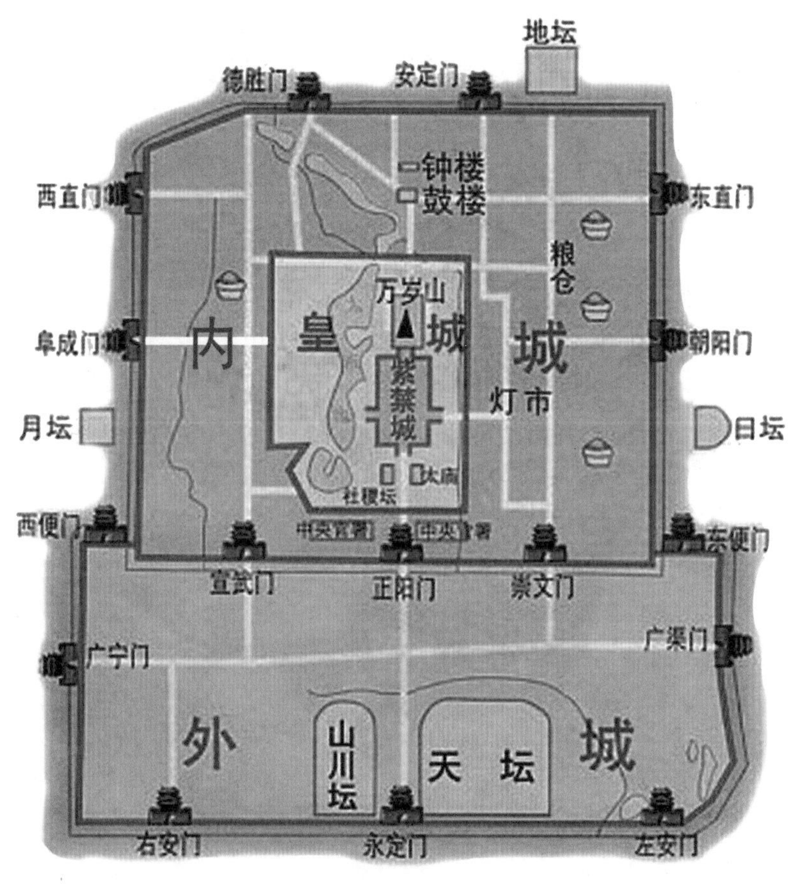

老北京城平面图

老北京城的城市布局具有双重性。内城的城制、宫殿、官署、官方宗教文化设施等，都按照传统宗法礼制思想进行布局。而城市居民生活的建筑布局，如府邸、民居、会馆、园林等则因地制宜，具有自发形成的特点，有较大的灵活性。城中有东西、南北规则布局的胡同和街道，也有受环境和地形影响的斜街。

北京城门

老北京城有“内九外七皇城四”的说法，说的就是老北京城墙上的门。皇城是环绕在宫城之外的、为皇宫提供各种服务和生活保障的特殊城池。皇城四门：天安门、东安门、西安门、地安门。

内城是位于皇城与外城之间的城，在清朝是给八旗子弟居住的地方。内城共有九门，沿现在北京二环路分布，分别为：正阳门、崇文门、朝阳门、东直门、安定门、德胜门、西直门、阜成门、宣武门。

外城主要居住的是汉族官员和平民百姓，分布着很多茶楼酒肆、会馆戏院，有着别具风格的市井风情。外城共有七个门，分别是：西便门、广安门、右安门、永定门、左安门、广渠门和东便门。

说了这么多门，你知道这些门都有什么含义吗？天安门有“受命于天、安邦治民”之义；朝阳门取“迎宾而出”之意，是粮食进出的通道；而与其相对的阜成门则有“物阜民丰”的意思，是运煤炭的通道；宣武门取“武烈宣扬”的意思，门外就是菜市口刑场，是囚车进出的地方，俗称“死门”。知道了这些含意，下次当你经过这些门时，一定就不仅仅是赞叹古建筑的技艺高超了，更会在脑海中浮现当时人们生活的种种场景，能体会到书生进京赶考的期待与焦虑，也能感受到战士跨马出征的万千豪气……原来，建筑物里深藏了那么多的故事！它们看似没有生命，却充满了生命的内涵！

整体来说，北京城方正、严谨、有序、有礼，堪称造城之经典。

（二）中西交融——上海

鸦片战争以后，英国、德国、日本等资本主义国家的建筑风格逐渐传入中国，在中国的商埠城市中被大量克隆、广泛传播，对中国近代建筑产生了巨大影响。西方建筑形式主要通过教会和民间渠道等进行传播。例如，形模宏大、形制正宗的上海徐家汇天主教堂、天津西开教堂、青岛福音堂与圣爱弥尔教堂、哈尔滨圣索菲亚教堂等；欧洲典型建筑形式的上海外滩欧式建筑；以及上海由英商经营，

上海徐家汇天主教堂

城市名称	中外交融	特色建筑群	城市风貌
上海	曾设有多国租界，建筑风格多样	外滩建筑群	
青岛	体现德国风格	德国风情街	
天津	曾设有多国租界，建筑风格多样	意式风情街、东方华尔街、“五大道”小洋楼	
长春	体现日本风格	日式建筑群、伪满八大部	

采用西方联排式住宅建造方式的木板房屋；等等。

上海作为中外交融的窗口城市，素有“东方明珠”的美称。自其开埠后，西方建筑文化伴随着租界建筑涌入，使得上海的建筑风格发生了变化，并形成以西方建筑文化为主体，且带有中国建筑文化印迹的海派建筑文化。

石库门里弄

上海中西交融的建筑文化体现出海纳百川、兼收并蓄、富于创新的特点。上海外滩南自延安东路、北至苏州河畔，长1500多米的外滩建筑群，荟萃世界各国不同时期的建筑风格，有新古典式、文艺复兴式、巴洛

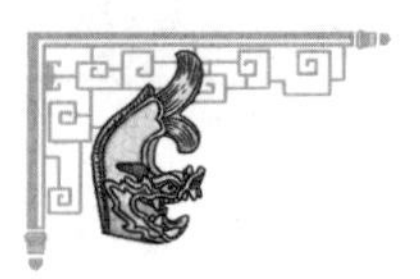

克风格，还有近现代派等 50 多幢风格迥异的高层建筑，被人们称为万国建筑博览会。例如，新古典主义的原汇丰银行大楼、文艺复兴形式的和平饭店南楼、折中主义的沿江海关大楼、注重装饰艺术的和平饭店北楼和带有中国传统符号的现代建筑——中国银行大楼等。

原汇丰银行大楼

上海的近代建筑是时代的产物，是艺术性与历史感的融合，是中国建筑的珍贵财富，各种不同的风格异彩纷呈，像一部百科全书，又像一幅历史的长画卷，记述着那一段或主动或被动与西方文化交融的历史。建筑的融合，也就是文化的汇聚，如果外来思想与技术有我们未曾考虑和运用到的美好元素，也值得我们借鉴学习。中国文化之所以绵延不绝、越显高超，正是因为我们有包容接纳的宽广胸襟。

（三）江南水乡——乌镇

中国江南水乡泛指长江以南、江苏省南部与浙江省北部一带，即苏州、嘉兴、湖州等地区。江南地区处于亚热带，气候温润，地势平坦，物产丰富，交通便利，河渠纵横，形成了众多水乡城镇。江南水乡古镇既不同于拥挤的、高楼林立的城市，又有别于稀疏的、一望无垠的北方乡村，其以“镇”

为基本单位，人们在此聚居。它既能拉近人与人之间的距离，形成热闹的氛围，又能保证较低的人口密度，人们过着悠闲自在的生活，真如世外桃源一般啊！

乌镇风光

人们悠闲自在的生活状态从古镇的城镇形态上就可见一斑。江南水乡古镇从来不会严谨地、刻意地采取中国传统城市格局中讲究对称的规整式规划思想。在这里，人们迁移的途径就是顺应河道的走向，从而表现出街随河走、屋沿河建的特征，这是一种动态的、不人为雕琢的规划布局。

江南水乡古镇地处长江三角洲中心的太湖平原，密集、通达的水网体系不仅促进了交通、商业贸易的发展，更形成了城镇内水街相依的独特格局。水巷和街巷是小镇整个平面的骨架，人们的日常交通都以此为流线来进行。水巷作为城镇布局的脊椎、水上交通的要道，对外是小镇与四周乡镇、远方城市联系的纽带，对内则是货物运输的主要通道和人们日常洗衣、洗菜、聚集、交流的主要场所。而街市则像与脊椎相接的

邻水建筑

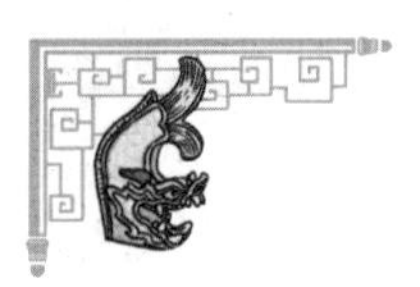

一根根肋骨，分散至不同的区域，激发整个片区的活力。街市两侧商铺林立，琳琅满目的货物吸引着来往的人们在此驻足交流，促进了整个街道乃至片区的繁华。水巷和街道的共生为古镇提供了舟行与步行两种交通方式，互不干扰，保证了古镇交通的顺畅与便捷。这种江南水乡古镇是随着时间变化而自然发展的产物，更是聚居于此的群体内部的经济观念、商业行为以及人与自然磨合的具象表征，堪称自然和社会相互协调融合的杰作。

古镇建筑依水势在河岸两侧建长廊，白墙与黑瓦的结合显得尤为素雅，犹如国画里的意境一般。水道纵横交错，略有青苔的青石板铺砌而成的石拱桥比比皆是，把水岸两侧的人家连为一体，形成了“小桥、流水、人家”的独特的地域文化现象，这也是中国古典城镇规划中“诗情画意、天人合一”美学思想的突出例证。生活在这里的人们，优雅、恬适，与自然和谐相处，从一个侧面展现了江南古镇建筑文化的丰富内涵。

如果要选一个地方作为江南水乡的代表，那么这个地方一定是乌镇。乌镇完整地保存着晚清和民国时期水乡古镇的风貌和格局。陈运和的诗《乌镇剪影》赞美乌镇为“一个现代文明影响不大的世界，一张古老色彩依然浓重的史页”。乌镇以河成街，依河筑屋，街桥相连，水镇一体，具有水阁、桥梁、石板巷、名人故居等独具江南韵味的建筑元素，体现了中国古典民居“以和为美”的人文思想，以其自然环境和人文环境和谐相处的整体美，彰显了江南水乡古镇的空间魅力。

传承千年的历史文化、淳朴秀美的水乡风景、风味独特的美食佳肴、缤纷多彩的民俗节日、深厚的人文积淀和亘古不变的生活方式，使乌镇成为东方古老文明的活化石。

“家家面水，户户枕河”是乌镇和许多江南水乡小镇的相同之处，但此地却有一部分民居用木桩或石柱打入河床中，上架横梁，搁上木板，建造成“人在屋中居，屋在水中游”的“水阁”。水阁三

乌镇水阁

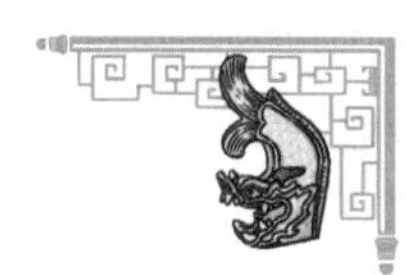

面有窗，窗旁有门，门外有石阶，是乌镇最具特色的“水上吊脚楼”。

街道是水乡古镇物质形态要素中最主要的要素之一，人们对一个水乡古镇的印象可以通过它的街道来获得。乌镇老街大多保存完好，这些老街都用石板铺地，石板的下面则是雨水收集和排放的通道，这样即使是暴雨时街面也不易积水。街道两边是马头墙隔出的店铺和民房，木门上尚有残缺的雕花和斑驳的油漆。横骑在大街上的拱券门则是从前大户人家的墙界标志。老街都沿河，每隔一段，总有一个码头连通河道。视线穿越码头和房子，可看到河对面那砌筑整齐的河岸，上有廊棚和美人靠之类的座椅，乌镇人称这类河岸为“帮岸”。

乌镇老街

马头墙也称风火墙、防火墙等，指高于两侧山墙屋面的墙垣，也就是山墙的墙顶部分，因形状似马头，故称“马头墙”。

乌镇至今还保留有很多传统工艺品制作坊，如蓝印花布印染作坊、布鞋作坊、刨烟作坊等。除此之外，还有茅盾故居、林家铺子、立志书院、修真观、夏同善翰林第、竹刻工艺馆、江南百床馆、余榴梁钱币馆、汇源典当行等古建筑，以及桐乡拳船、花鼓戏、皮影戏、香市等独特的民俗风情，它们共同营造了乌镇浓郁的文化气息。

江南特殊的地理环境、经济因素和人文因素形成了独具一格的水乡生活文化，人们的衣食住行也都具有浓郁的水乡特色。

（四）纳西精粹——丽江

丽江古城是由联合国教科文组织确认的“世界文化遗产”，同时也是国务院公布的“中国历史文化名城”之一，不仅具有独特的山容和水貌，而且蕴含了令人神往的纳西族文化。

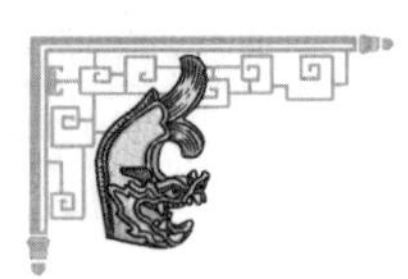

纳西族：中国少数民族之一，主要居住在云南西北的丽江市，其余分布在云南其他市和四川等。纳西族的东巴文化包括象形文字、东巴经、东巴绘画、东巴音乐、舞蹈等，备受世界各国学者的关注与重视。东巴文被誉为“东巴文化的瑰宝”。

丽江古城所在地青山围绕，坝内碧野茫茫，泉水萦回，形同碧玉大砚，所以丽江古城又名“大砚古城”。丽江古城与国内其他古城的不同之处就在于它没有修筑城墙，你知道这是为什么吗？相传，丽江纳西族世袭统治者姓木，若修筑城墙，那就像在“木”字外面加框而变成了“困”字，所以刻意不筑城墙，以求吉祥，丽江也因此得以保持它原有的、与自然亲近的本色。

纳西人称这个城为“贡本芝”，意思是“背货物来做生意的集镇”。与意大利的威尼斯一样，丽江古城也是一个以商业为目的而筑起的城市，加之其拥有丰富的水系，故被冠以“东方威尼斯”的美名。

临河就水，观古城水情

水是丽江古城的灵魂，纳西祖先很早就精通以水筑城之道。玉河是贯穿全城的脉络，以玉龙桥水车为界，被分为上、中、下三河，之后每条河又被分为数十条小河流，呈现出“家家屋前有流水，户户屋前好风景”的特有样貌。河上大大小小共计 300 多座桥，桥下水路更是四通八达，通畅无阻。游人在丽江古城漫步时，可以细细体会纳西人民的平和与愉悦。

丽江古城玉龙桥水车

丽江古城的三眼井，是丽江景观廊道中一个重要的生命系统。先民们利用小巷的拐角开阔地带修建三级井。第一眼为饮用井，供居民饮用；第二眼为洗菜井，用以洗刷炊具；第三眼为洗衣井，供居民洗涤衣物。我国有句俗

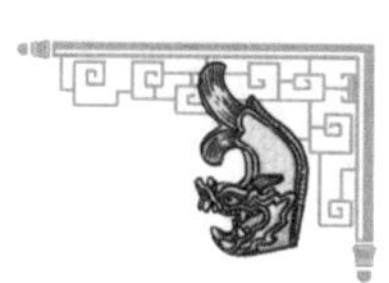

丽江古城的三眼井

话叫“井水不犯河水”，三眼井的每个井之间也没有相互侵犯，各司其职，各尽其能，空间上有很强的序列性。小巷拐角开阔地带的空间既不会被浪费，又丰富了其功能。三眼井不仅是纳西族先民智慧的结晶，更是当地利用水资源的杰作，充分体现了古城人与大自然的和谐共处之道。

茶马古道，看古城形势

人们从踏入古城的第一步，就开始了对古城建筑艺术的鉴赏。古城的青石板路面与一般石板路面有所不同，磨光的石面上有着五颜六色的图案，仿佛是由众多不同色彩的小石头融聚而成的。这是一种天然石料，名曰“五花石”，是当地主要的建筑材料之一，全部采自丽江坝周围的山中，当地人喜欢用它来铺装地面。那么，古城人为什么会选择五花石做路面呢？其一，茶马古道使古城成为马帮频繁过往的驿站，为使古城的路面不易损坏，质地坚硬的五花石是应对马蹄踩踏最好的材料。其二，出于环境保护的考虑，一方面是为了便于清扫和冲洗街道；另一方面是为了避免出现雨季路面泥泞、旱季路面尘土飞扬的困境。古城的五花石板路清亮光洁、沉厚敦实，路面上

茶马古道

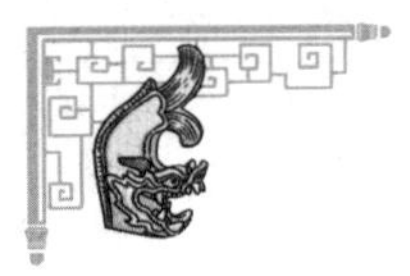

斑痕点点而又深浅不一，据说那是几百年来人踩马踏留下的痕迹。

古城有两条石板路最具特色：第一条是新华街，其路面铺垫的石板为竖状，往北进出中甸，自古以来就是进藏马帮的必经之道。这条街布满了陈迹与沧桑，是最早的茶马古道。第二条是七一街，其路面铺垫的石板为横状，是出四方街向南走的一条狭长古道，它是联结内地的一条古道，南通鹤庆、大理，明代地理学家、旅行家徐霞客便是脚踏这条石板路进入古城的。

走街入巷，赏民居艺术

依山傍水一般是古城街巷建筑的原则。纳西族人顺着水势，依水筑城。因此，丽江的建筑特点鲜明，沿河而建的建筑沿街为铺，沿河为楼；顺山而上的建筑则为上一层，景一层，道转坡斜，房屋错落有致。

漫步街头巷尾，可以看到道路两边的居民住宅多为瓦房。这里依然保有纳西人明清时期的建筑特色，“三坊一照壁，四合五天井，走马转角楼”式的瓦屋楼建筑模式，即大多三坊一壁，天井正方，走廊宽敞，门窗栏栋、斗拱飞檐大都雕刻着花鸟虫鱼、飞禽走兽的纹路，

走马转角楼

三坊一照壁，四合五天井：三坊每坊皆是三间二层，正房一坊朝南，面对照壁，主要供老人居住；东、西厢房二坊则由晚辈居住。正房三间的两侧，各有“漏角屋”两间，也是二层，但进深与高度皆比正房稍小，前面形成一个小天井或“一线天”以利采光、通风及排雨水。通常，一边的漏角屋楼上楼下作卧室或书房，也可作杂物储藏室；另一漏角屋常作厨房，高为二层但不设楼层，以便排烟。

走马转角楼：建在室内的名叫转角楼，建在室外的就如同现代建筑的转角阳台。有“天井”的房子，楼上四角走廊相通，形成转角楼，也就是内阳台。转角楼看起来简单，做起来可不容易，俗话说：“石匠怕打石狮子，木匠怕建转角楼。”

院内种植草木花卉。进门入院，你会发现脚下的地面是用卵石、瓦片、碎石拼成的各式花纹图案。例如，地面用瓦片镶嵌出四周为蝙蝠、中间是“寿”字的吉祥图案，俗称“四蝠闹寿”，寓意“福寿”，真可谓是一步一景、处处惊喜啊！檐廊下四扇或六扇精美的雕花木格门，俗称“四季博古”，以四季变化为序，从左至右，雕刻有雄鸡葵花、松鹤同春、鹭鸶踩莲、锦鸡牡丹、鹰立菊丛、喜鹊争梅、孔雀玉兰等内容，雕刻精细，含义深蕴而美好。

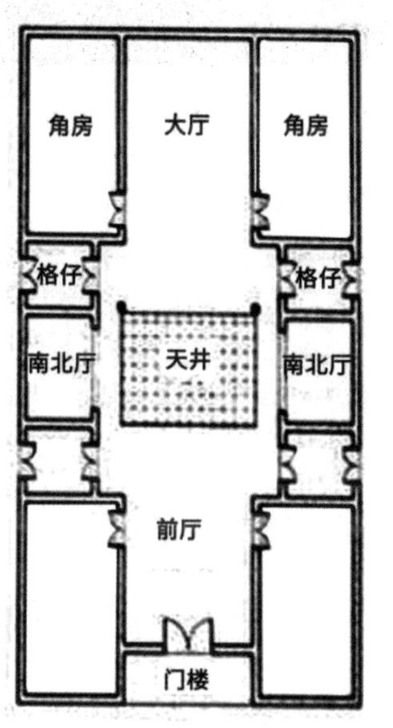

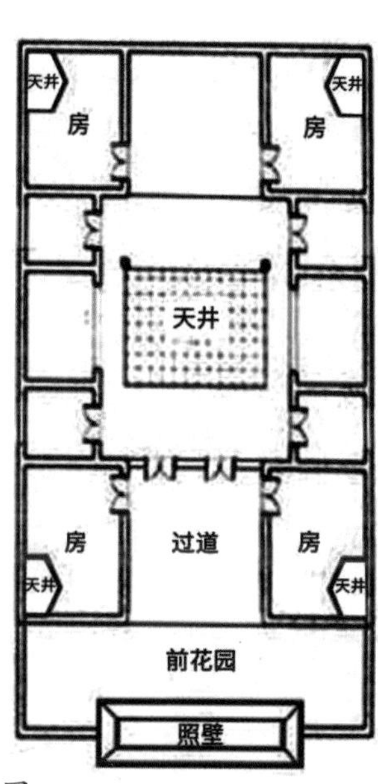

丽江古城——四合五天井平面图

这里的民居，溪流穿堂过屋，泉水淙淙，“丽郡从来喜植树，古城无处不飞花”，在庭院中赏花、闻香、听鸟鸣以充分享受生活，已经成为古城人的一种生活习惯。这也是纳西族民居清幽宜人，让人流连忘返的原因所在。

（五）立体山城——重庆

重庆依山而建、傍水而生。这座城市因其复杂的地势和气候，拥有山城、江城、雾都、火炉、桥都等多个别称。1942 年，美国汉学家费正清这样描写“战时首都”给他留下的印象：“此地并不适合人类居住，因为没有平坦的陆地。人们简直成了力图找到安身之地的山羊。”然而，勤劳的巴蜀人在这种特殊的地理环境中，攀山渡水，绘制了一幅幅“人、山、江”相结

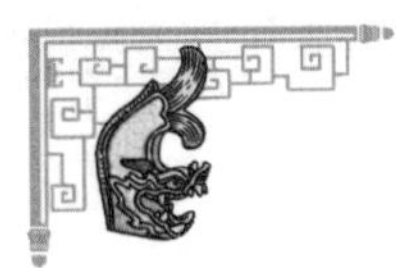

合的壮美画卷，也造就了如今一条条连通“天、地、水”的极具特色的重庆之路。

重庆风光

江河汇流

古人逐水而居，在生存本能的驱使下，部分先民最终选择在这个江河汇流、山水合抱之地落脚。水，是重庆的灵魂所在。重庆人习惯把长江和嘉陵江称作“大河”和“小河”。民间有种说法，重庆城的龙头在通远门，龙尾在两江汇流的朝天门，朝天门因曾是朝廷高官来此登岸和迎接圣旨的地方而得名。由于两江环抱，重庆的水路运输非常发达。但是相应地也带来了许多弊端。因重庆沿江而建，每到汛期，江边的建筑有随时被淹没的危险，不过对于见惯了“涨洪水”的重庆人来说，来去匆匆的洪峰更多的是好玩。人们也早已习惯了采取应急措施，就算洪水来了也会坦然应对。

你知道为什么重庆人那么喜欢吃火锅吗？火锅的源头又在哪里？据说是生活在码头的船夫发明的这一吃法，冬天天寒，他们就将猪的内脏等先放在锅里炖煮，之后又放入一些菜品，边煮边吃，这样既可保食物不冷又可取暖，由于重庆潮湿，吃辣椒可以除湿，人们又往锅中加入了辣椒，就这样渐渐地发展成为重庆饮食中不可或缺的火锅。如今走在重庆的大街小巷，仍然可以看到很多重庆汉子光着膀子，喝着啤酒，吃着火锅。

千奇百怪路

在中国众多“千城一面”的城市中，唯有重庆的道路是立体的，可谓连通天、地、水。重庆长江索道是中国第一条城市跨江客运索道。在没有索道前，过江的人们要从一

重庆过江索道

级一级的青石台阶顺阶而下，走到岸边码头摆渡过江。索道建成后，往返长江两岸只需要六分钟左右，节约了大量的时间，因此索道也成了现今来往两岸的主要交通工具之一。

城在山中建

在重庆的众多别称中，“山城”算是其中最名副其实的一个，“城在山上，城又本在众山中”。其中，位于渝中半岛的十八梯，全部由石阶铺成，把山顶的繁华商业区与山下江边的老城区连接起来。十八梯两边居住着普通老百姓，街上散发着浓浓的市井气息，居民每日沿着陡峭的石板路来往上下，每条石板路可都浓缩着厚重的历史啊！依山而建的吊脚楼也是重庆物质文化遗产的重要组成部分。你家的屋顶可能是别人家的路面，这座山的山顶可能是那座山的山脚，重庆这座城市就这样与山共生。

山城重庆

由于重庆的独特地形，“出门即爬坡，下船就上坎”导致搬运东西极其不便，“棒棒”这一职业便应运而生。“棒棒”靠着简单的一根竹棒和一卷粗麻绳，大到家具家电，小到市场上买的鸡鸭青菜，只要谈好价钱，就能帮你送到指定地点。货主在前面空着手，“棒棒”扛起货物在后面紧相随，重庆人不怕“棒棒”把东西拐走，他们大多诚实可靠，深具职业道德。他们从农村到城市干活，靠的是一根竹棒和能承担辛苦的一副硬肩膀，用他们的辛勤劳动为千家万户提供方便。如果你旅经此地，随身行李太重的话，不妨也在街头招手，大声喊：“棒棒！”肯定会有人热情地来帮忙担起一切，你就能感受到这朴实又有趣的异乡风情。

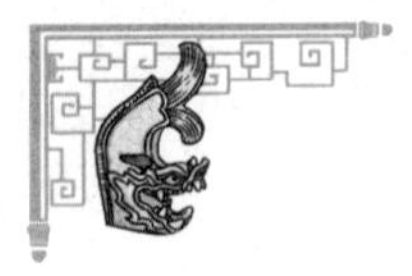

二、传统街区的无限意蕴

（一）交通纽带——北京胡同

说起现今的北京城，高楼大厦自然不足为奇，然而最吸引人的却是那些位于紫禁城外曲径通幽的胡同及其蕴含的北京文化。

汪曾祺在《胡同文化》里这样写道：“北京城像一块大豆腐，四方四正。城里有大街，有胡同。大街、胡同都是正南正北，正东正西……大街、胡同，把北京切成一个又一个方块。这种方正不但影响了北京人的生活，也影响了北京人的思想。”

北京属温带大陆性季风气候，冬季刮西北风，夏季刮东南风。特殊的地理环境决定了北京住宅以南北朝向为宜，进而决定了胡同的走向，以东西走向、南北平行排布，保证每一户住宅都有良好的采光。后来，为了适应环境和商业需要，灵活地建设了很多斜向和不规则的胡同，俗称斜街。北京胡同

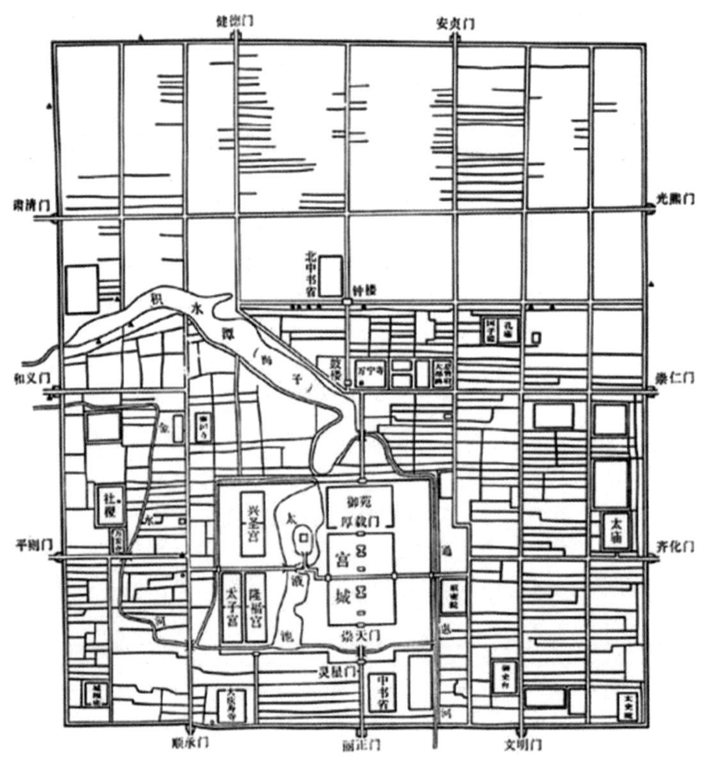

元大都平面图
（横、竖线均为胡同）

历来以多而闻名，还留下了“著名的胡同三千六，没名的胡同赛牛毛”的说法。

命名趣事

相比于代表皇家文化的紫禁城、颐和园，北京的胡同可以说是平民文化的代表。胡同的名称就是北京历史与生活的写照，具有深刻的文化内涵。其命名方式有以特色或景物命名的，如金鱼池胡同因以金鱼池为特色得名，莲花池胡同以莲花池水域得名，银锭（dìng）桥胡同则因银锭桥坐落在此而得名；也有以建筑物遗址命名的，如府学胡同、东厂胡同、禄米仓胡同等都是因为这些建筑而得名；当然也有以人物姓氏命名的，如史家胡同便是史姓居住者居多的胡同，力学胡同（原名李阁老胡同，1965 年改为此名）是因为明代文渊阁大学士李东阳曾经住在这里；而烟袋斜街、干面胡同、钱粮胡同等则是以商业特色命名的。

烟袋斜街

“烟袋斜街”这个名字听起来很奇怪，它又是怎样得来的呢？据史书记载，当年住在老北京北城一带的旗人大都有抽旱烟或水烟的嗜好，北京城里的烟叶行业因此而发展起来。那时候抽烟讲究用烟袋，所以这条小斜街上，一家挨着一家开起了烟袋铺。烟袋铺大都是高台阶，门前竖一个木制大烟袋当幌子。最特别的是东口路北“双盛泰”烟袋铺门前竖着的木雕大烟袋，足有一人多高，粗如饭碗一般，金黄色的烟袋锅上还系着条红绸穗，十分醒目。这个大烟袋招牌称得上是北京同行业中的头号大烟袋，慢慢地，“烟袋斜街”的俗称便叫开了。

市井文化

在北京的胡同里，还潜藏着许多传统的市井文化。老北京胡同中，分布着众多的戏园、酒肆、茶馆、会馆等。大多数会馆主要为同乡官僚、缙绅和科举之士居停聚会之处，有聚会、看戏、居住、藏书等功能。戏园与茶馆基本是合为一体的，人们在园中品茶、聊天、看戏，这里也是从前八旗子弟或官商聚集的地方。

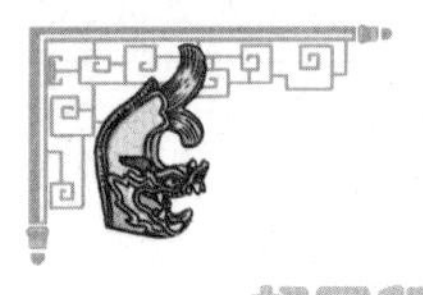

胡同小贩的叫卖声也是一种独特的文化。有叫卖烧饼、驴打滚、冰糖葫芦的；亦或叫卖针线、香粉的，这些叫卖声富有节奏感和音乐性，字正腔圆，曲调优美。胡同也是各户人家红白喜事的举办场所，情系邻里，无论世事沧桑、人情悲欢，远亲不如近邻。

有些胡同是绿色的，沿胡同而种的绿树，姿态各异、绿叶成荫，常与出墙的园内果树等其他植物相互辉映，映在那一座座青砖灰瓦的四合院的墙面上，格外生动而充满生气。胡同两侧墙连着墙、院连着院，形成一道道整齐的界面，各式临街开设的院门、精致的门楼砖雕、木门装饰、各式门墩、抱鼓石等的造型与装饰图案，都附有“平安美满”“发财大吉”的寓意。尤其是门上的对联更是富有文化意境，如“忠厚培元气，诗书发异香”“生财从大道，经营守中和”等，这些对联表现了主人的文化追求，也把这种文化风尚深深地融入了胡同文化之中，丰富和提升了胡同的文化意境。

抱鼓石

追溯到八旗子弟每天游走在胡同中，提着鸟笼，逗着蛐蛐儿的场景，再到现在的北京人，闲适地坐在门口，看看报纸，提壶小茶，三五成群，谈天说地，甚是惬意。胡同，造就了北京人的性格。漫步在胡同里，可体悟到北京胡同中闲适自由、和而有节与包容四方的文化。

门上的对联

（二）西风东留——上海弄堂

“弄堂”是上海人对里弄的称呼。其实，称“弄堂”的不只有上海，中国江南地区都这样称呼。上海的弄堂之所以与北京的胡同一并著称于世，主要是因为近代上海大批里弄住宅的兴起。

“弄堂”古时写作“弄唐”，“唐”在古代是朝堂前或宗庙门内的大路，后被与建筑学联系更紧密的“堂”字代替，“弄”则指供通行用的空间。

上海里堂街区

十九世纪末期大量华人进入租界，外商将大批房屋向华人租售。起初仅为便于管理，集体住宅联立成排，并由行列组成网络，对内交通自如，对外只有总弄才能通达马路，弄口设铁门，随时开闭。后来为适应新的生活方式，借鉴并吸收欧洲联排式房屋的布置格局，便形成了综合东西方居住特色的上海弄堂。

石库门建筑：石库门里弄的单元平面基本上脱胎于我国传统民居中三合院或四合院的住宅形式，变为五开间、三开间至双开间、单开间，层高变为二层、三层。在纵向布置上，每个单元又有一条明显的中轴线，平面总是对称布局。进门后首先是一个方整的天井，正对天井的是用于聚会、集庆、宴请等的客堂，装有可拆卸的落地长窗面向天井。客堂的两侧为次间，天井两侧为左右厢房。客堂后面，是通向二楼的横置单跑木扶梯。再向后，则为后天井，还有厨房、储藏间等附属用房。后来经发展演变，有了亭子间和后厢房。这种布局方式适应了租界内的城市空间条件，关起门可自成一体。所以门的变化非常关键，从木门发展到了混凝土造的门，且受西方的影响更注重装饰，这种式样的建筑被称为“石库门”。

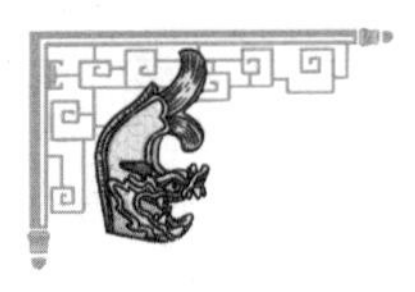

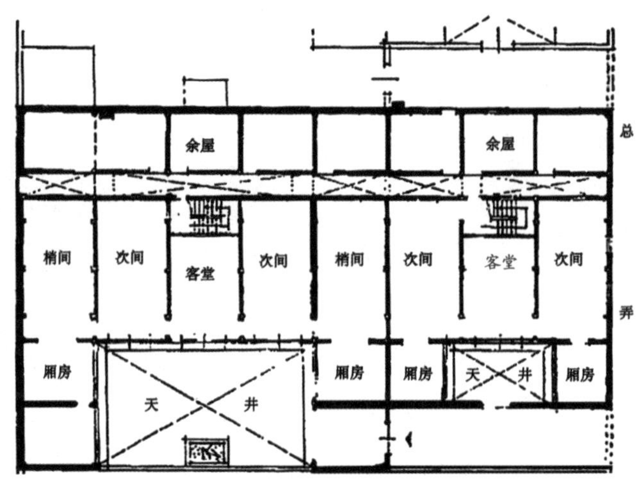

早期老式石库门建筑单体平面——康祥里

上海弄堂与石库门、亭子间紧密联系，是上海最常见的生活空间，也是上海地方文化的重要载体。

里弄出入口——石库门沿街牌楼

在一个完整的上海里弄街区中，和而不同的“石库门”单元规律地连排在一起，呈现出西方联立式住宅的布局方式。每一排石库门住宅之间为方便通行，形成了一条宽约 3 米的“弄堂”。石库门建筑的特点是提高土地利用率、多建房屋，因此缺乏对朝向的考虑。里弄中的总弄是供行人、车辆来往通行的干道，可多达三条，一般在居住地的中央或交通流量大的地方。它与街道的相交点，是里弄的出入口，设有铁栅或木栅门，两旁有门柱，部分还设有过街楼，主要通过弄明标识和周围花饰来增强识别感，便于寻找。同时，新式弄堂提高了对

城中之城——石库门里弄鸟瞰

居住条件的重视，注重采光、通风等问题，弄堂的规模也较早期有所扩大，甚至包括整个街区。有些大型的、拥有数百户甚至上千户的弄堂，俨然就像一个城中之城，里面有杂货店、小吃店、理发店、裁缝店，应有尽有，甚至还有工厂等。

弄堂装饰

上海弄堂的装饰，可谓丰富多彩、精巧细致。首先，弄堂口是进入弄堂内部空间的门户，它往往是视觉中心和装饰的重点。过街楼立面上部标有弄堂的名称、建造年代，字符周围则有漂亮的图案装饰，具有鲜明的标志性。弄口的造型和装饰采用西式建筑风格的远多于采用中国传统的牌楼门形式的。

济南路一八五弄中西合璧的折中主义石库门装饰

其次，弄堂中山墙上的装饰图案往往呈现一致性的风格，使弄堂产生强烈的可识别性。装饰图案以水泥塑成，以青砖或红砖的墙面为背景，显得突出、精致、高雅又落落大方。有的山墙面上，还会把两个阳台悬挑出来，使墙面看起来更加活泼。阳台的栏杆也是一个重点装饰的部位，它的风格往往与石库门门饰或墙面装饰协调统一。例如，陕西南路二八七弄步高里，是传统的旧式石库门里弄，属于上海保存完整的、罕见的整组建筑里弄住宅。该弄堂由法国商人建设，共有 79 幢石库门建筑。弄堂口采用中式牌楼风格，形成完整的里弄街坊格局。

祥德路二弄山墙装饰

弄堂情谊

弄堂因其相对私密和共有的空间，给在其中生活的人们以强烈的归属感与安全感，也使人体会到邻里之情与社区的温馨。总弄是人们交往的公共活动空间，小孩在这里嬉戏玩耍，老年人在这里休息、聊天，这里成了名副其实的“社区中心”。次弄是近邻的半公共交流空间，易产生亲密的邻里关系。每到夏天，弄堂的住户聚集在外乘凉聊天，还会有小孩子嬉戏打闹，一派其

乐融融的景象。

其实，石库门里弄所蕴含的人文价值，满足并促成了上海人居住的变化与性格的养成。背井离乡的移民放下家族祭祀的包袱和交际排场的礼仪，养成了精致化的处世方式，磨砺出柔韧、实惠、精明的都市性格。人们传统的居住理念也发生了改变，中西合璧，皆为我用。上海人在此基础上形成的以开放的心态去接纳外来文化的意识，奠定了上海国际大都市的良好的人文基础。

（三）八方通达——云南四方街

四方街坐落于丽江古城，前身为莲花池，后由木氏土司仿其府印之形状填池建市，暗含“权震四方”之意。四方街占地6亩见方，是古城的心脏。这里不仅是茶马古道上最重要的枢纽站，也是古城重要的经济和文化中心。几百年来，各民族文化在这里交汇、衍息。

热闹的云南四方街

四方街印象

丽江古城是一座与大地肌肤相亲的小城，坚持着传统的栖居方式，以及平静如山泉般的日常生活。城区以四方街为中心，建有四条大道，每条主道都有巷弄相随，巷弄四通八达，没有死胡同。大小路面均铺装五色石板，经数百年踏磨，石纹毕露，颇为别致。身着五颜六色民族服装的各族人民就在此交易商品，这里是丽江最热闹、繁华的地方。

“打跳”是广受欢迎的歌舞活动。升起篝火，从四面八方来的游客在当地人的带领下手拉手围成一圈，随着节奏起舞，呈现一片欢乐的景象。加上此处每户人家门前高悬的大红灯笼，歌声与灯笼的倒影随河水飘荡。夜晚的四方街就这样笼罩在温馨祥和的气氛中。

四方街沿街水系

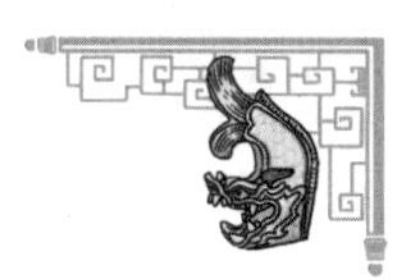

借水巧用，系统完善

丽江古城处处被人工河环绕着，河上设有水闸，每到傍晚收市，关上水闸，河的水位立即上升。因为四方街建造时被设计得中间稍微凸起，两边凹下，犹如一片梯形的巨瓦，因此水会顺着瓦形的坡度漫过整个广场，流到它四周排污水的暗沟里，每一条暗沟又与广场四周铺面后院的下水道相连接。这样，从地面到地下，形成了一个完整的排污系统，古城人每天都把四方街冲洗得干干净净，晴天不会有扬尘，雨天不会有积水，真是极其科学的设计啊！

沿街客栈

客栈文化

客栈就是古代住宿的旅馆。最明显的标志就是悬挂在屋檐下的长方形灯笼。灯笼两面一般都写有联语，最常见的是“未晚先投宿，鸡鸣早看天”。入夜，灯火闪亮，旅客远远看见，便知找到了住宿之处。丽江四方街作为贸易的中心场所，向来是各方人士的聚集地。这里客栈汇集，延续至今，便形成了特有的客栈文化。

（四）南洋遗珠——海口骑楼老街

在海口老城区的海甸溪南岸，有一片有着“中国十大历史文化名街”称号的低层商住建筑街区，这就是现今国内骑楼建筑保留规模最大、保存基本完好、极富南洋特色的历史文化街区——海口骑楼老街。

广州骑楼

厦门骑楼

骑楼是一种近代兴起的低层商住建筑，多分布在两广、福建、海南等地，曾经是城镇主要的建筑形式。

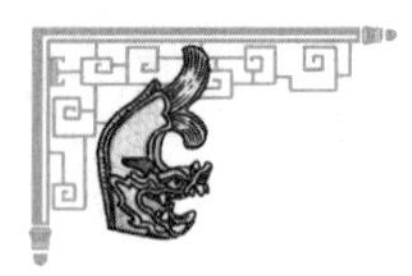

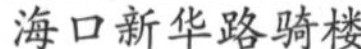

海口新华路骑楼

海口得胜沙路骑楼

海口旧城的骑楼大多由旅居东南亚的华人所建。他们将各地的建筑风格带到海口，构建了欧亚混交的、具有典型“南洋文化”特征的城市风貌，即现今街道的雏形。海口博爱路、新华路、解放路、中山路、得胜沙路等均为海口骑楼老街的典型代表。

骑楼老街印象

骑楼老街由一幢幢建筑连接而成，步行街道宽约 2.5 米，不仅可以遮风挡雨、遮阳乘凉，还是品茗、聊天、纳凉和会客的地方；此外，连续的柱廊环环相列，形成多变而又统一的完整立面。哪怕年代久远，仍依稀可见优雅精致的雕塑和西洋情调的装饰，花草、飞鸟或龙凤的图案，在斑驳古朴之中透出当年的典雅和奢华，是近代东南沿海地区东西方文化交流的缩影。

欧陆建筑风格

骑楼的布局平面起源于岭南地区传统“竹筒屋”的模式。因为其平面在纵向进深布置功能空间的时候，是按照一定的顺序排列的，从平面上看就像是一节节的竹子，因而得名。现存的骑楼建筑，大都已成为底层开店、办公的商铺，保存较好的住宅已经很少了。

骑楼老街风情

各具风情的骑楼老街不仅体现出浓厚的市井气息，更沉淀了独特的历史文化遗迹。在这里，你不仅可以听到天后宫的传说、海口人民战胜海寇的故事，还能了解近代中国兴衰的缩影。例如，海口老街上的何家大院，它是民国时期的海口首富、德国华侨何达启的家。何达启是清末民初海口的传奇商人和慈善家，他开辟了开往南洋的船队，创办了海南第一个橡胶园。

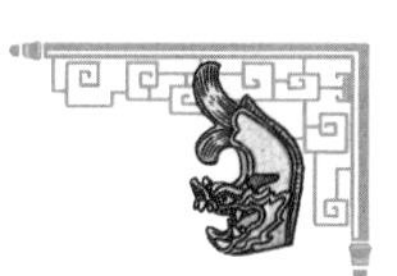

海口钟楼

此外，还有南洋侨商侨领的家族传奇、富家闺女毅然投身革命洪流、南洋侨民的爱国义举等故事。这些历经沧桑的骑楼，演绎着许多风情逸事，浓缩着海南侨乡文化，汇聚着海南近代的历史和故事，所有这些都体现着老街文脉的内在价值。海口骑楼街区举足轻重的历史地位，使其成为海口的一张文化名片和文化象征。

作为近代海南政治、经济发展的重要场所，这里留下了许多见证历史发展的具有独特文化内涵的建筑物。不仅有衣锦还乡的华侨富商为家乡建起的家族式连排骑楼，还有历史上13个国家在这里开设领事馆、教堂、邮局、银行和商会时留下的建筑。此外，中国共产党琼崖一大会址、中山纪念堂及西天庙、天后宫、冼太夫人庙也都在此。

当然，这里也留下了许多有趣的邻里空间，如露天戏台和社区活动空间结合的宗庙；随处可见的土地爷祭拜点；较大的室内茶室，多为老年人交谈聊天、消磨寂寞时光所用；等等。

第三章　鬼斧神工——中国建筑

中国建筑总体而言，特点突出，脉络明晰，其成就主要体现在建筑技术与建筑文化两个方面。

分门别类

从建筑类型上讲，分为宫殿建筑、民居建筑、陵寝建筑、寺观建筑等。

从区域分布上讲，大体分为南方建筑与北方建筑，又可以细分为江南建筑、岭南建筑、徽派建筑、陕北建筑、四合院建筑等各具区域代表性的建筑。

从建筑形式上讲，分为干栏式建筑、合院式建筑等。

建筑文化内涵深刻

首先，中国的建筑重视传统伦理观念，讲究尊卑有别，中央为尊。例如，中国古建筑的屋顶样式有多种，代表不同的等级。这些屋顶皆具有优美舒缓的屋面曲线，先陡急后缓曲，形成弧面，不仅受力均匀，而且易于屋顶合理地排风送雪。

重檐

重檐指有两层屋檐的汉族传统建筑形式，主要用于庑殿顶、歇山顶和攒尖顶，可以增加建筑的体量，使建筑更添雄伟庄严之感。

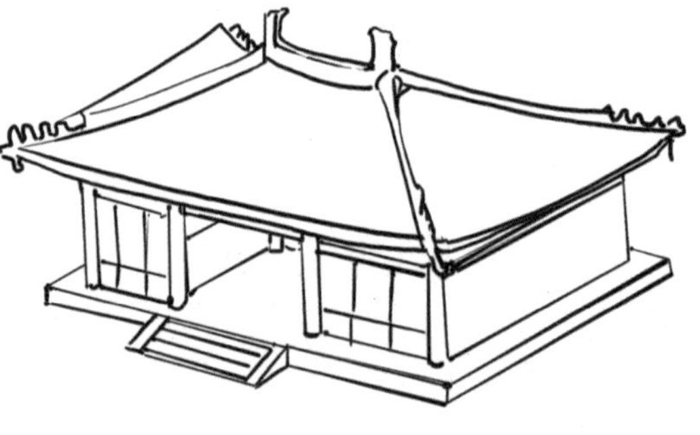

庑殿顶

庑殿顶是中国各式屋顶中等级最高的，由一条正脊、四条垂脊共五条脊组成，也称“五脊殿”。因为屋顶四面形成斜坡，所以也叫“四阿顶”。

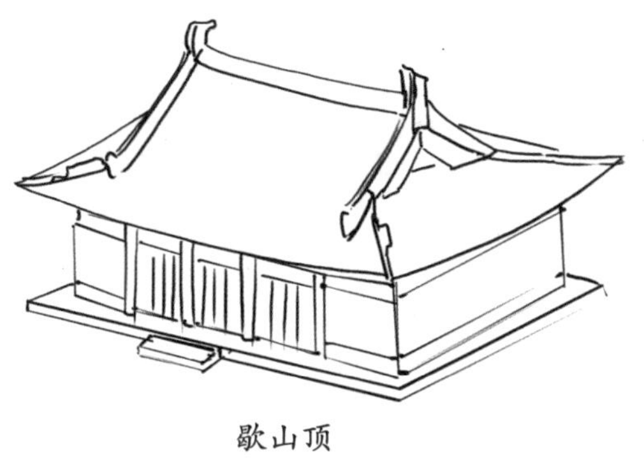

歇山顶

歇山顶在规格上仅次于庑殿顶，有一条正脊、四条垂脊和四条戗脊，也称“九脊顶”。正脊两端到屋檐处折断了一次，分为戗脊和垂脊，好像歇了一下，故得名。两侧折断处形成的三角形墙面，称为“山花”。

攒尖顶没有正脊，屋顶为锥形，顶部集中于一点，也称“宝顶”。这种屋顶多用于亭、阁、塔等建筑，按照形状可以分为圆攒尖和角攒尖，圆攒尖没有垂脊；角攒尖又有四角、六角、八角等式样，顶上有和角数相同数量的垂脊。

四角攒尖顶

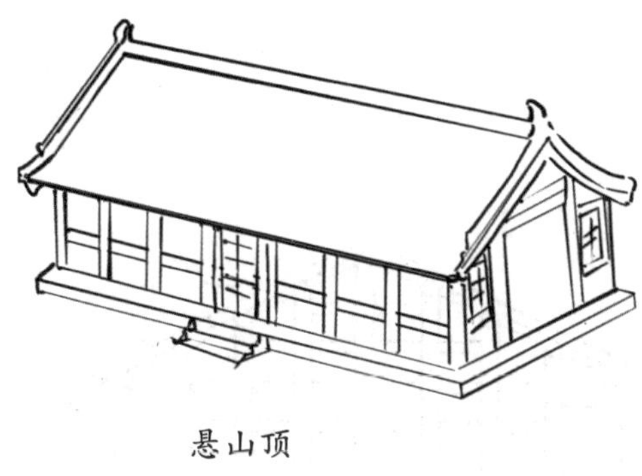

悬山顶

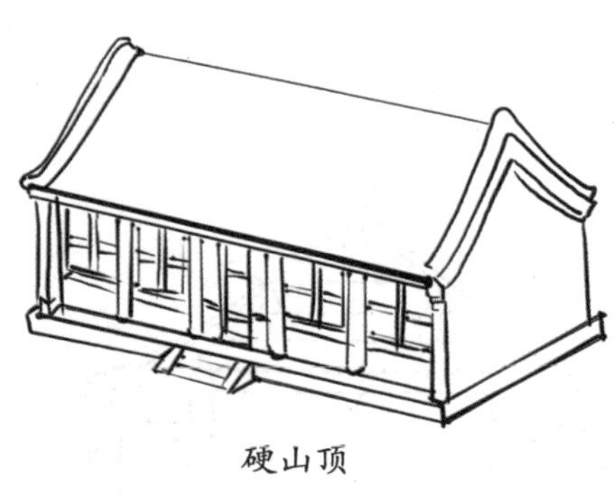

硬山顶

悬山顶的等级仅高于硬山顶，这两种屋顶形式都有一条正脊和四条垂脊，只有两面坡。悬山顶和硬山顶的区别在于，悬山顶不仅前后出檐，左右两侧的屋顶也伸出山墙之外，形成四面檐，有利于防雨。而硬山顶的山墙与屋顶两侧齐平或高出屋顶。高出的山墙称为“风火山墙”，能够在火灾发生时防止火势沿着房屋蔓延。南方因风雨较多，民居多用悬山顶；北方天气比较干燥，民居多用硬山顶。

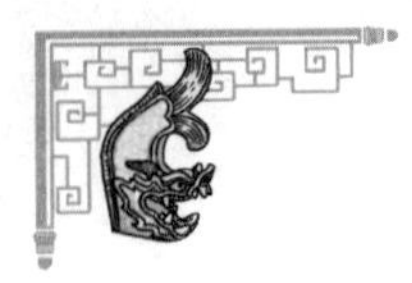

卷棚顶也称“元宝顶”，在整体外形上和悬山顶、硬山顶差不多，区别在于卷棚顶在两面坡相交处没有明显的正脊，而是形成一个弧形的曲面，具有曲线柔和之美。

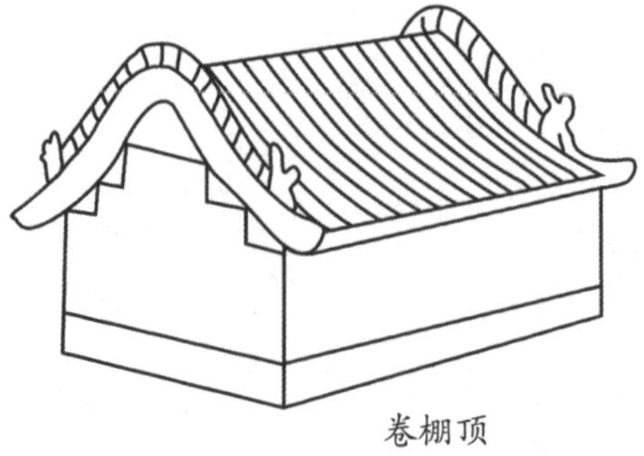

卷棚顶

其次，中国传统建筑十分讲究风水。从选址到整体布局，都与风水密切相关。例如，四合院的开门方向受八卦之说的影响而开于东南方；故宫的整体布局受阴阳五行说法的影响；等等。

最后，中国建筑讲究与周围环境相融合，正所谓“天人合一”，且讲究“以人为本”。上至祭拜祖先、尊崇君王，下至个人居住、储物，中国的建筑处处讲究为人服务、尺度适宜、环境和谐、材料得当、因地制宜。

建筑布局严谨

中国的建筑群讲究轴线对称。院落式布局是建筑群常用的手法。无论是宫殿建筑还是院落民居，都有严谨的布局形式。而建筑单体本身也遵循三段式设计，即上部为屋顶，下部为基座，中间为柱子、门窗和墙面。建筑基本以开间为单位，功能布置灵活自由。

建筑技艺精湛

在柱子之上、屋檐之下，有一种由木块纵横穿插、层层叠叠组合成的构件，叫做斗拱。它既可以承托屋檐和屋内的梁与天花板，又兼具装饰效果。

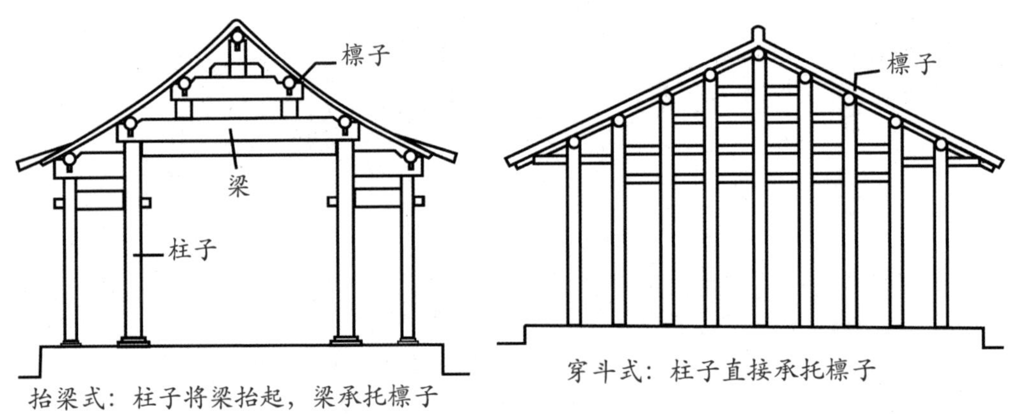

抬梁式：柱子将梁抬起，梁承托檩子

穿斗式：柱子直接承托檩子

抬梁式与穿斗式屋架的比较

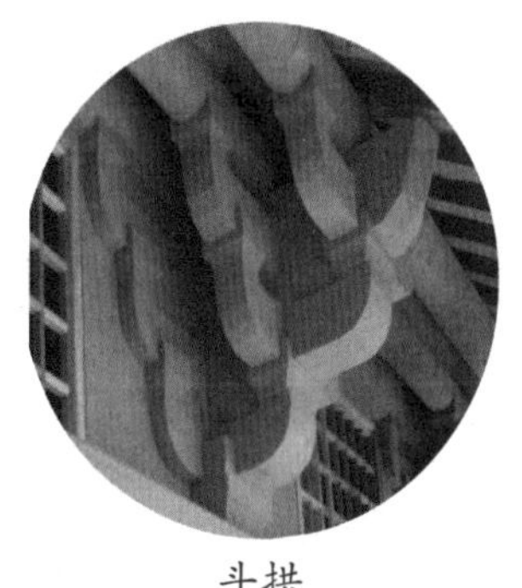

斗拱

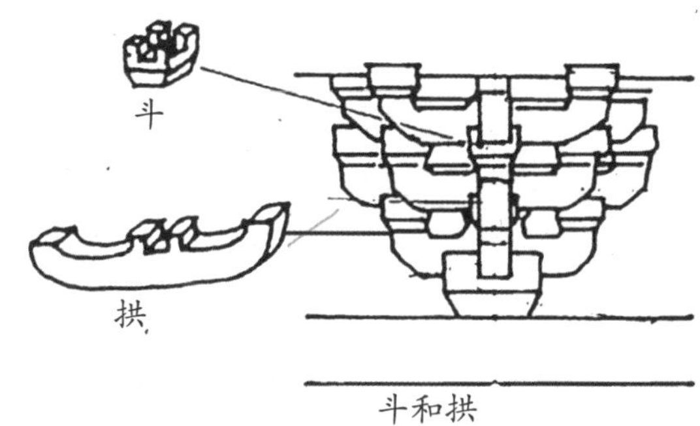

斗和拱

另外，中国建筑也十分注意木结构细部的处理，往往把构件交接的部分裸露出来，再于外表稍作加工而成为建筑装饰的一部分。比如，在梁柱上刻画图案，在藻井上绘制彩画，在屋檐处雕刻木雕等。

> 斗拱：中国建筑特有的一种结构。在立柱与横梁的交接处，从柱顶上加的一层层探出呈弓形的承重结构叫做“拱”，垫在拱与拱之间的方形木块叫做“斗”，二者合称“斗拱”。

总之，中国建筑磅礴大气、富于生气；重环境、重细部；有技术、有寓意，乃世间之精品。

一、高大森严的宫殿建筑

（一）皇家富丽——宫殿建筑

宫殿建筑又称宫廷建筑，是皇帝为了巩固自己的统治，突出皇权的威严，满足精神生活和物质生活的享受而建造的规模巨大、气势雄伟的建筑物。这些建筑大都金玉交辉、巍峨壮观。不论在结构上还是形式上，它

紫禁城鸟瞰图

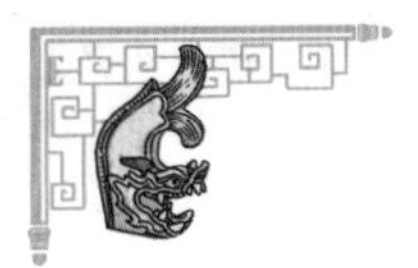

们都显示了皇家的尊严和富丽堂皇的气派，从而区别于其他类型的建筑。几千年来，历代封建王朝都非常重视修建象征帝王权威的皇宫，形成了完整的宫殿建筑体系。

皇权至上的体现——严谨的布局

故宫就是前面所讲北京城的宫城部分，是皇帝日常朝寝的地方，可以说是中国传统建筑中最瑰丽的珍宝。

故宫完全讲究前朝后寝、三朝五门、左祖右社、中轴对称的原则。

在古代，朝政用房被称为“前朝”，即皇帝处理朝政的地方；而皇帝和后宫嫔妃生活起居与娱乐的部分被称为“后寝”，即“寝居用房”。

前朝又被分为“三大殿”，包括太和殿、中和殿和保和殿，它们都居于

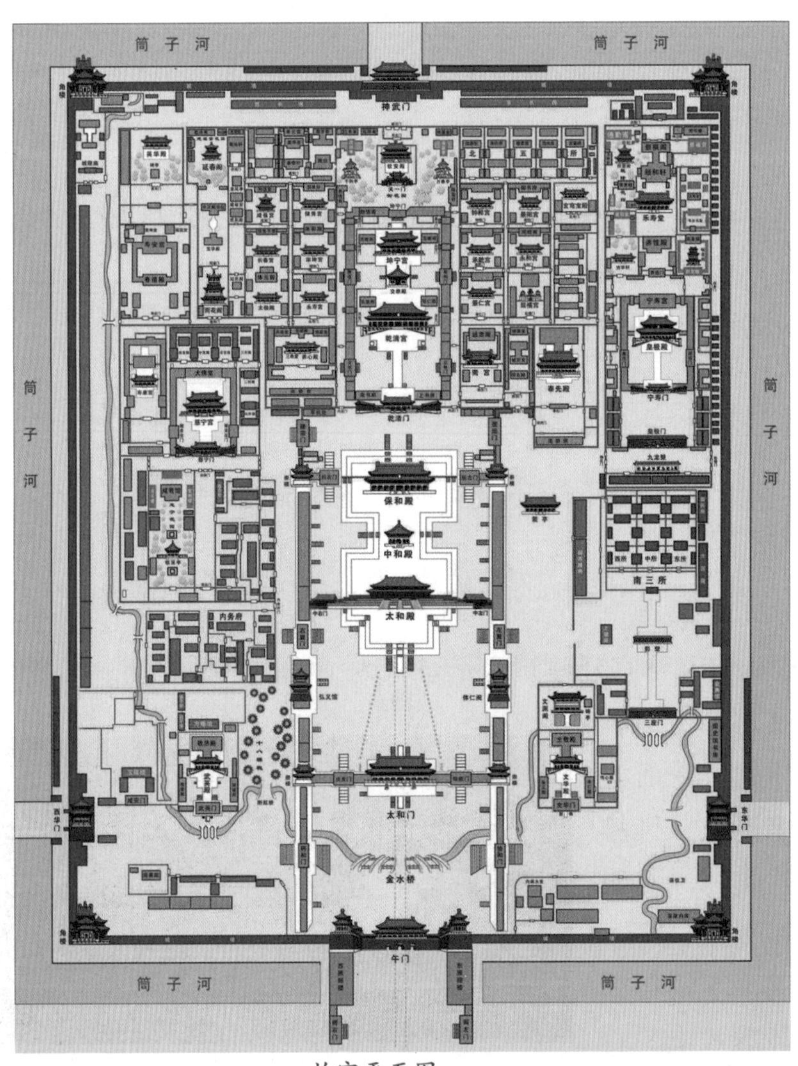

故宫平面图

紫禁城的南北中轴线上。中轴线的东西两侧对称布置着文华殿和武英殿，这里是帝王政治的中心。

三大殿中的太和殿是宫城最重要的一座殿堂，皇帝登基、完婚、寿诞、命将出征，以及每逢重大节日接受百官朝贺和赐宴，都要在这里举行隆重的仪式；中和殿是帝王上朝前做准备与休息的场所；中和殿北面的保和殿是皇帝举行殿试和宴请王公的场所。

宫殿典范——太和殿

太和殿不仅是前朝三大殿中最豪华、最壮观的一座，同时也是中国现存最大的木结构大殿。“太和”二字取自哲学思想，是宇宙间所有事物的关系都得到协调的意思，此殿俗称金銮殿。它的建筑面积达 2 377 平方米，面阔十一间，进深五间，连同台基高 35.05 米，是故宫中等级最高的宫殿。整个大殿坐落在高 8 米左右、汉白玉栏杆环绕的三层台基上。太和殿是皇帝举行大典的圣地。元旦、冬至、皇帝生日、册立皇后、颁布法令或政令、派将出征、金殿传胪及赐安等，皇帝都要在这里举行仪式。

1. 最高等级的屋顶

太和殿的殿顶为重檐庑殿顶，是殿宇中的最高等级。细心的话，可以看出四个屋檐上各有一排吉祥物，叫仙人引兽，每一组为十个，这在中国宫殿建筑史上是独一无二的，显示了至高无上的重要地位。在中国古代宫殿建筑中，只有金銮宝殿（太和殿）才能十样齐全，中和殿、保和殿、天安门为九个，其他殿上的小兽按级递减，体现了严格的等级制度。

太和殿的脊兽

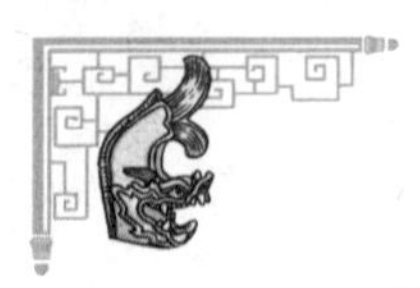

关于最前面的骑凤凰的仙人，还有这样一段故事。传说我国战国时期齐国国君齐湣王一次作战失败，来到一条大河岸边，走投无路，后边追兵就要到了，危急之中，突然一只凤凰飞到眼前，齐湣王急忙骑上凤凰，渡过大河，逢凶化吉。古人把它放在建筑脊端，寓意绝处逢生、逢凶化吉。骑凤仙人后面依次为龙、凤、狮、天马、海马、狻（suān）猊（ní）、狎（xiá）鱼、獬（xiè）豸（zhì）、斗牛、行什。大殿最顶上两端雕刻的“鸱吻”，传说它是龙的九子之一，能调水降雨、解除火灾。为了防止它不忠于职守，特地又在它的背上插上一把扇形剑，紧紧地钉在屋脊上。这种异兽起源于我国的西汉，被广泛地用于各种建筑上。

2. 宽阔宏大的广场

太和殿广场宽阔宏大，面积达 4 万平方米。整个广场无树无花，空旷宁静，给人以威严肃穆的感觉。为什么要建这么大的广场呢？那是为了让人们感受到太和殿的雄伟壮观。站在广场上向前望去：蓝天之下，黄瓦生辉，层层石台如同白云，加上香烟缭绕，整个太和殿好像位于云端，显示了皇帝的无上权威与尊严。

太和殿

太和殿前建有宽阔的平台，称为丹陛，俗称月台。月台上陈设日晷、嘉量各一个，铜龟、铜鹤各一对，铜鼎 18 座。龟、鹤为长寿的象征。日晷

铜鹤

铜龟

日晷

嘉量

御路

是古代的计时器，嘉量是古代的标准量器，二者都是皇权的象征。

太和殿的台基为高 8.13 米的三层汉白玉石雕基座，周围环以栏杆。栏杆下设有排水用的石雕龙头，每逢雨季，可呈现千龙吐水的奇观。

台阶为御路踏跺，原为汉族宫殿建筑形制，是位于宫殿中轴线上台基与地坪以及两侧阶梯间的坡道；在封建时代只有皇帝才能使用，但皇帝进出宫殿多以乘舆代步，轿夫行走于台阶，于是多将御路雕刻成祥云腾龙图案，以表皇帝为真命天子之意。御路后来亦为中国寺庙和孔庙所沿用。

3. 精美绝伦的装饰艺术

作为中国木结构建筑中的典范，支撑着太和殿的七十二根大柱全部由一根根的巨树制成，其中六根雕龙金柱，沥粉贴金，围绕在宝座周围。这些巨树都是由工匠们从四川等地的原始森林中砍伐运输而来的。当时营建故宫的各种工匠数以万计，仅从事木材运输的人就达十万人之多，砍伐和运输过程中道路险峻、生活艰苦，民间有“进山一千，出山五百”的说法，从中不难看出当时劳动人民的悲惨境遇。

宫殿檐下施以密集的斗拱，室内外梁枋上饰以级别最高的和玺彩画。门窗上部嵌成菱花格纹，下部浮雕云龙图案，接榫（sǔn）处安有镌刻龙纹的鎏金铜叶。

太和殿内部

殿内所铺方砖叫“金砖”，共计 4 718 块。这是一种用特殊方法烧制的砖。工艺考究、复杂，专为皇宫而制。此砖需要在窑中烧一百三十天后，又在桐油中浸泡四十九天才得以完成，成品需“敲之有声，断之无孔”方可采用。砖表面淡黑、

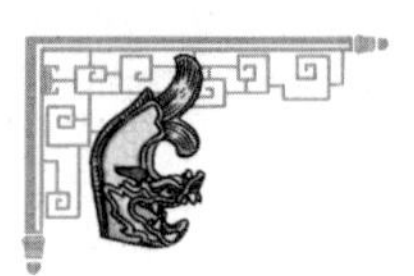

油润、不涩不滑，具有坚固耐磨、越磨越亮等特点。烧这种砖，每一块相当于一石大米的价钱，又因敲起来有金石之声，所以称作“金砖”。金砖虽不含金，但也确实贵重。

在殿内中央有一藻井，是从古代的“天井”和“天窗”形式演变而来的，为中国古代建筑的特色之一。藻井主要设置在尊贵的建筑物上，有“神圣”之意。在藻井中央部位，有一浮雕蟠龙，口衔一球（球为铜胎中空，外涂水银），此球名轩辕镜。悬球与藻井蟠龙连在一起，构成游龙戏珠的形式，悬于帝王宝座上方，以示中国历代皇帝都是轩辕的子孙，是黄帝正统继承者。它使殿堂富丽堂皇、雍容华贵。据说，如果宝座上坐的不是正统继承人的话，那悬球就会掉落下来。大家现在看到的轩辕镜并未正对宝座，传说是袁世凯怕悬球掉下来把他砸死，故将宝座向后挪到现在的位置。

（二）赋予天意——坛庙

天人感应的坛庙建筑

坛庙是祭祀性建筑物，它是遵从“礼”的要求而产生的建筑类型，因此也称礼制建筑。坛庙在中国古建筑中占有很大比重，具有一定的宗教崇拜意义，同时也融合了政治、伦理的内容。

坛作为祭祀天地、社稷等活动的台形建筑，是在平地上以土堆筑的高台，后来由土台演变为砖石包砌。坛的形成，源于古代人们对自然界中的日、月、星、辰、雷、电、风、雨、山川、河流等具象的原始崇拜，古人相信这些自然力量支配着农作物的丰歉与人间祸福，由此产生了专用的祭祀建筑，如天坛（圜丘坛）、地坛（方泽坛）、日坛（朝日坛）、月坛（夕月坛）、祈谷坛（祈年殿）、社稷坛、先农坛、天神坛、地祇坛等。

庙与坛不同，它源于人们对祖先的崇拜，主要是用于供祀祖宗、圣贤的屋宇建筑，如太庙、文庙、武庙、各种家族祠堂等，其建制类似于宫殿，有严格的等级规定。中国庙祠祭祀文化，包括皇家太庙祭祀、臣民宗庙祭祀、祖先祭祀和先圣神灵祠庙祭祀等。

祭天神圣的天坛

古人认为皇帝是天之子，他们能够统治国家是上天赋予的权力，因而最

隆重的祭祀是祭天。皇帝每年冬至祭天，登基时也必须祭告天地，以表示“受命于天”。天坛与故宫同时期修建，位于正阳门外东侧，总面积约273万平方米，是明清两代帝王春季祈谷、夏至祈雨、冬至祈天的地方。

天坛整个坛域由两道坛墙分为内坛、外坛，分布着五组建筑群。主要建筑均集中在内坛，内坛北部为祈谷坛建筑群，每年正月上辛日，皇帝率群臣在此举行孟春祈谷大典，祈求五谷丰登、风调雨顺。南部为圜丘坛建筑群，每年冬至日皇帝在此举行祭天大典，表达对上天的崇敬之情。斋宫坐落在内坛西，是皇帝祭祀前进行斋戒的场所。皇帝在此摒除一切私心杂念，清心寡欲，洁净身心，以与天交。

天坛内的这些建筑虽不属同一时期建成，却规划合理、严谨，多集中分布在贯穿天坛南北的主轴线上。各组建筑互不统属，各自独立，形成错落有致、遥相呼应的格局。

天坛是为现实帝王与天的特殊关系而修建的，为了能表达天坛建筑的这一特性，天坛在设计上主要运用了象征主义的艺术手法，这种手法具体表现为借形寓意、借色寓意、借数寓意。

1. 借形寓意

天坛基址平面接近方形，但内外两重墙角均做成圆弧形，这体现了中国古代“天圆地方”的宇宙观。就单体而言，天坛建筑群中的主要建筑物，如圜丘、祈年殿及皇穹宇等，平面皆为圆形，屋顶形式则为圆攒尖，这些都是以平面和空间造型来象征“天”的意象。同时，为了创造崇天的氛围，还通过高台基（圜丘，祈年殿）、重檐屋顶（祈年殿）来扩大建筑体量，并用矮

圜丘坛建筑群鸟瞰

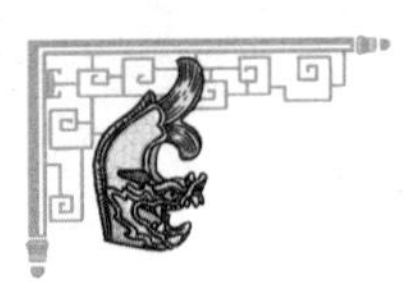

墙来衬托，营造开阔的气势。同时又用丹陛桥来连接圜丘和祈年殿，形成了一条“通天之路”。

祈年殿

2. 借色寓意

明代时，祈年殿的三重檐攒尖顶的上、中、下檐分别用青、黄、绿色琉璃瓦以象征天、地与万物。而清朝进行重建时，将三檐均换为蓝色琉璃瓦，以此纯净的色彩来寓意和表现“天”这个意象。

3. 借数寓意

用数字体现寓意的手法在天坛建筑中运用得最为广泛。中国古代以奇数为阳数，又称“天数”，其中九为“极阳数”，象征着九重天。天坛主要建筑的设计均采用了“阳数”。以圜丘坛为例：坛的上层直径为当时计量单位营造尺 1×9 丈＝9 丈，中层直径 3×5 丈＝15 丈，下层直径 3×7 丈＝21 丈，全是阳数。坛面的中心是一圆石，圆心外有九环扇面形石块，每环的石块亦为九的倍数，即 9×1，9×2，9×3……9×9。中层、下层也是如此。除了坛面外，台阶、栏杆所用的石块也全是九的倍数。

圜丘

奉祀先贤的曲阜孔庙

孔庙位于孔子故里山东曲阜城内，又称“阙里至圣庙”，与南京夫子庙、北京孔庙和吉林文庙并称为中国四大文庙，是祭祀孔子的本庙。孔庙建筑群规模宏大、气势雄伟，被建筑学家梁思成称为世界建筑史上的“孤例”，

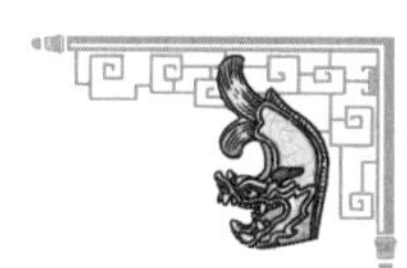

孔子（前551—前479），名丘，字仲尼，春秋末期鲁国陬邑（今山东曲阜）人，“子”是古代对人的尊称。他是著名的思想家、政治家、教育家，儒家的创始人。孔子晚年致力于教育，相传先后有弟子三千人，其中著名的有七十余人。自汉以后，孔子学说成为两千余年传统文化的主流，影响极大。封建统治者一直把他奉为圣人。现存《论语》一书，是研究孔子学说的主要资料。

与北京故宫、承德避暑山庄并列为中国三大古建筑群。

孔庙运用了传统的庭院组合和环境烘托手法，使人在进入过程中不断提高对孔子的崇敬之情，巧妙地渲染了孔子在教育事业上的卓越贡献和在古代社会中的崇高地位。其建筑布局中轴对称，从南到北可按序列分为前导、预备、高潮、尾声四部分。

第一部分是前导空间，前三进院落中，除了院落之间的墙垣和门坊以外，没有任何建筑，大面积的柏树林让人感到孔庙悠久的历史和神圣。甬道两旁的行植柏树使空间更显得深邃，整个环境庄严肃穆，给人以崇敬感。第二部分是预备性的过渡空间，这部分的空间是进入大成殿主体空间之前的准备性空间。第三部分空间以大成殿为主，同时包括东西两路的院落。大成殿是孔庙的核心建筑，坐落在两层高的月台上，雄伟壮观，环绕其周边的建筑采用宋金时期的廊庑形式，围绕成封闭的庭院。大成殿的东侧院落是奉祀孔子上五代祖先的地方，俗称东路，主要包括诗礼堂、崇圣祠和家庙三个庭院。大成殿的西侧院落是奉祀孔子父母的地方，俗称西路，主要包括金丝堂和启圣殿、启圣寝殿两座院落。第四部分主要包括圣迹殿庭院及功能用房。

孔子画像

曲阜孔庙大成殿

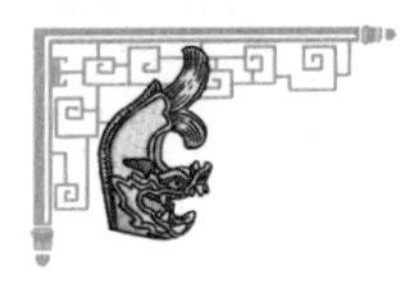

曲阜孔庙鸟瞰图

作为祭祀孔子的庙宇，孔庙景观植物的配置注重兼顾色彩的稳重与华贵。孔庙内大量种植的柏树寿命绵长，四季不凋，枝干挺拔而壮观，老枝苍虬而富古拙之貌。

孔庙所树立的形象是国家正教的代表，文人仕途进取的目标，人间伦理关系的标准。孔庙作为祭祀建筑的典范，不仅继承了古代礼制建筑的特色，具有礼制建筑的庄严，还具有帝王宫殿的华丽，堪称礼制建筑与宫殿建筑完美结合的传世佳作。

二、神秘莫测的陵寝建筑

（一）陵寝纵观

帝王陵墓是我国古代最重视的建筑物之一，历代朝廷都耗费大量人力和物力，利用当时最精湛的技术和成熟的艺术来营建帝王陵墓。

陵寝文化

为什么历代帝王对陵寝建筑如此重视？这还要从古代人们的生死观说起。古代人们受到“事死如生”文化传统的影响，会按照死者生前的生活、居住情形为死者安排冥间的一切。因此，走入帝王陵寝的地宫，就好像进入帝王的宫殿一样。地宫的建制模仿宫殿，大部分墓室都分为前后两部分，

前边相当于堂，后边则相当于室，用来放置棺木。帝陵神道两侧的石像象征着朝中位列两侧的文武大臣。“普天之下，莫非王土，率土之滨，莫非王臣。”宝座上的古代帝王憧憬着自己的政权统治与日月同辉，希望在冥间能继续生前奢华的生活，规模庞大的地宫及其内部种类繁多的冥器和价值连城的随葬品，都是这种思想最好的例证。

陵寝建筑本身、建筑中的绘画雕刻和随葬品被称为陵墓的三大构成要素。就随葬品而言，最初死者的随葬品多是生活用品，如粮食、工具、家畜家禽等。人们认为死者虽死犹生，还会像活人一样生活，因此给他带上生活必需品。后来，一些标志着墓主身份和地位的奢侈品也渐渐进入随葬品的行列，如金玉器物、布帛绸缎、家具什器、书画玩物等。例如“千古一帝”的秦始皇，著名的兵马俑坑里的兵马俑就是他的随葬品，同时也展现了当时陵墓建筑中的雕塑艺术水平。

西汉楚王刘注夫妇合葬墓中的陪葬品

守孝、祭祖是中国儒家礼俗中的头等大事。何为孝？“生，事之以礼；死，葬之以礼，祭之以礼。”厚葬是生者对死者表达忠孝最重要的方式之一。古代用厚葬以明孝，通过埋葬死者来规范生者的行为举止，强化忠孝的封建等级和道德伦理观念。

陵寝选址的风水观

陵墓是帝王墓葬享有的专属称谓。自秦以后，历朝有关帝王陵墓的事已上升至与国家大事同等重要的地位。历代皇帝都十分重视陵址的选择和陵墓的修筑，将陵墓视为影响后世子孙繁衍、国家政权稳固以及国运繁荣昌

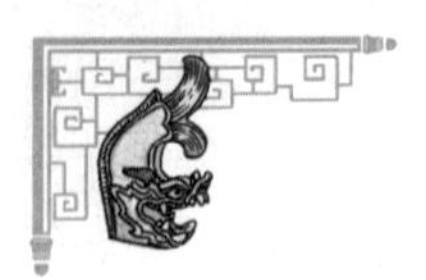

盛的重要因素。尤其是在陵址的选择过程中，受风水思想的影响，皇帝一般要亲自抉择，成立专门机构管理，由堪舆家等多方参与，依据山川形势、地形地貌特征、土壤水质好坏等原则卜选，并形成了烦琐且严格的制度。在总体上，陵址布局遵循着陵制与山水相称的规划设计原理。例如：地势平坦开阔，土厚水深，良田万顷，就可称作是标准的条件。

陵寝定义

陵寝建筑又如何定义呢？陵墓是安放先人遗体、祭奠故人场所的总称。陵一般指地上建筑，墓则是地下部分。汉代刘熙在《释名·释丧制》一书中将陵墓定义为："墓，慕也，孝子思慕之处也。"说明陵墓这种建筑类型的基本意境是子孙后代缅怀祖先功德、与祖先或先贤对话的一个精神场所。

陵寝发展

陵寝是如何发展的呢？

春秋时期，诸王陵墓开始出现"封土"的形式，即于地下墓室之上建造高大的夯土坟冢，作为陵墓的主要标志。直至宋代，帝王陵墓封土的平面形状大多为方形或矩形，造型呈下大上小的"覆斗"状，且多分成上下两层或三层，秦始皇陵是其典型的代表。

汉代陵寝出现城垣、双圈、寝殿、便殿等地面建筑，并且出现了"因山为陵"，即在自然山体中开凿墓室、不另起坟的模式。

龟山汉墓

南朝之后的陵寝则逐渐形成完整的空间序列，且有陵园产生。从北宋开始又出现了集中设置帝王陵区的做法，如北宋皇陵、明十三陵等。

（二）事死如生——秦始皇陵

秦始皇陵是中国历史上第一个皇帝秦始皇的陵园，也称骊山陵，南依骊山，层峦叠嶂，山林葱郁；北邻渭水，逶迤曲转，银蛇横卧。高大的封冢在巍峨峰峦的怀抱之中，与骊山浑然一体，环境优美，风景独秀。其规模之大、陪葬坑之多、内涵之丰富，为历代帝王陵墓之冠。

秦始皇陵

风水之说

秦始皇陵于骊山下建墓，选址主要受早期风水观念影响，选择土层深厚、地下水位较深、视野开阔的高敞台地为陵域。布局主要受以西为尊的礼制观念和讲求方位吉凶观念的影响，秦墓西首而葬，墓向东方。而在营建方面，则显示出秦始皇或秦人的宇宙观和对帝国的认识。秦始皇陵可以说是秦始皇对于天下勾勒的蓝图。在地宫中，用水银来表示“为百川江河大海，机相灌输，上具天文，下具地理”，布设了天文地理的模型。同时，陵墓封土“树草木以象山”。

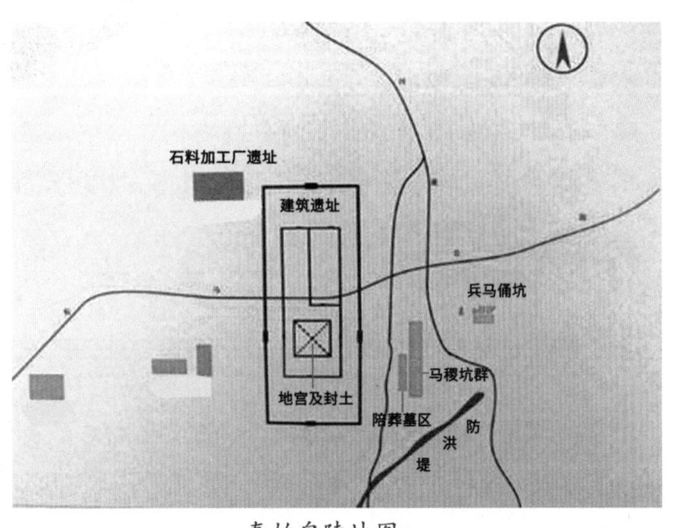

秦始皇陵地图

应该说，秦始皇陵坐西面东，其布局的突出特征是围绕一个核心（即陵冢）、一条轴线，分为内、中、外三个不同层面。内层是中心区，包括安放秦始皇遗体的地宫、供其起居生活的寝殿和休息闲晏的便殿，以及御用的乘舆、御骥、府库等；中层则包含府库、武库、宫廷园囿、供娱乐赏玩的百戏、珍禽

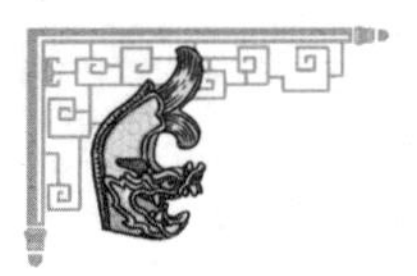

异兽；外层布局范围较为广阔，包含位于东部的兵马俑坑等。

事死如事生

秦人认为，现实世界的人虽已死亡，但其在地下世界还需生活，因此要对死后生活有所安排，尽量满足其在地下世界的需求，充分反映出当时人们对于现实的留恋和对死后世界的幻想，以及生者对死者的态度，这就是“事死如事生”的丧葬观念。

墓陵区或陵园的设计与规划、墓外设施的设置，模拟了秦始皇生前的生活状态。如地下的宫殿，象征着咸阳宫；外城垣东侧的兵马俑坑，象征着守卫京城的宿卫军；陵墓封土西侧的铜车马坑，象征着宫廷的乘舆，为秦始皇的车架卤簿；西内城垣之间的一批珍禽异兽和跽（jì）坐俑坑，象征秦始皇生前的苑囿，可供其继续狩猎和游乐；陵墓封土北侧的寝殿，应该就是蔡邕《独断》中所说的“有起居衣冠象生之备，皆古寝之意也”；陵园内的便殿，应该就是《三辅黄图》记载的“以象休息闲晏之处也”。因此，有学者认为，秦始皇陵是“古礼与现世的聚合体，是把中国古代传统礼仪制度作为设计思想而建造的”，是秦始皇生活及帝国活动的微缩影像。

秦始皇陵兵马俑

《独断》是东汉文学家、书法家蔡邕在史学方面的代表作，内容包括皇室对服饰等级的规定、对重要节日的释义和汉代历代皇帝更迭的始末与封谥等，是后世研究汉代历史的重要资料。

《三辅黄图》是古代地理书籍，对研究秦代都城咸阳、西汉都城长安极具史料价值，在中国地理发展史上占有重要地位。

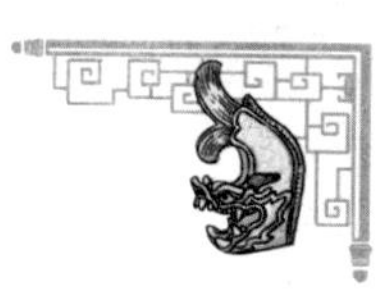

陪葬之物——陶俑群

兵马俑坑位于皇陵封土以东约 1.5 千米处，现已发现的三个坑，基本呈“品”字形排列，总面积达 2 万余平方米。兵马俑坑均为地下坑道式土木结构建筑，坑内埋藏有陶质兵马俑 7 000 余件，木质战车 100 余辆。秦兵马俑皆仿真人和真马制成。其中，武士俑高约 1.8 米，面目各异，从服饰、甲胄和排列位置可以区分出其不同的身份。出土的武器多为经过铬处理的青铜制品，至今仍锋利如新。兵马俑的发现，不仅对军事史的研究有着巨大的价值，而且对艺术史、科学史的研究也具有独特的价值，它再现了 2 200 年前中国雕塑艺术的辉煌成就，为了解中国古代文明提供了有利的资源。

传说多多

人们不禁好奇地追问，地宫之中到底是怎样一番景象？民间存在着许多传说，其中流传最广的说法是，秦陵的地宫内有水银所制的“五湖四海”，秦始皇则躺在纯金打造的棺材里，游荡在水银注成的江河上，巡视着帝国的领地。当然，在揭开真相之前，这些仍然只是传说。考古学家经过数十年不断发掘和勘察研究，以及利用先进的考古遥感与地球物理综合探测技术，现在已经知道秦始皇陵的总体布局，并已测得地宫的确切位置，但还有许多不为人知的秘密需要不断地去探索。

（三）藏风得水——十三陵

位于北京昌平区天寿山的明十三陵是明朝迁都北京后安葬了十三位皇帝的皇家陵寝的总称。有人要问，明朝十六帝，为什么叫十三陵呢？这是因为明朝十六帝有两位葬在别处，有一位下落不明，其余十三位都葬在此处，所以称为“明十三陵”。

从“筑陵以象山”到“融于山水中”

明十三陵建造在三面环山的小盆地中，总面积有 120 余平方千米，座座陵墓依山而筑，分别建在东、西、北三面的山麓上，周身植被茂密、草木丛生。有术士认为这里是风水胜地，适合建造规模宏大、气势磅礴的陵寝建筑群，因此被明朝选为营建皇陵的“万年寿域”。陵区占地面积约 40 平方千米，是中国乃至世界上现存规模最大、帝后陵寝最多的一处皇家陵墓建

筑群。

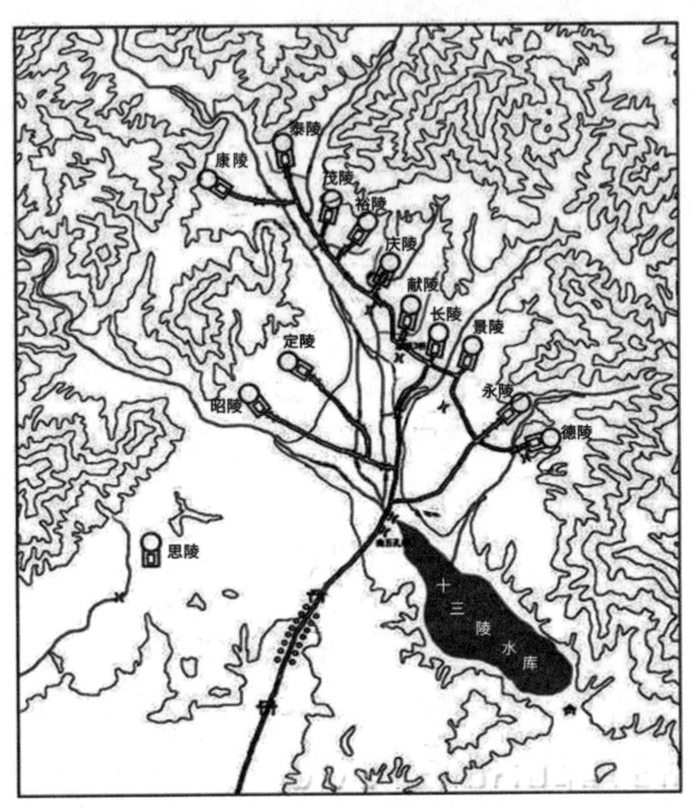

明十三陵平面图

明朝统治者认为明十三陵的规划极其合理，依山建陵，接了地气又得了仙气。从选址到规划再到陵寝规模，明十三陵处处注重陵寝与河流、山川相融。明十三陵也最能体现中国皇家陵寝建筑群的整体性。若从空中俯览，它是一个统一的整体，然而走近看它，却又是由一个个独立的个体组成，每一座皇陵都有各自的享殿、明楼和宝城。

享殿：供奉灵位、祭祀亡灵的大殿，也泛指陵墓的地上建筑群。位于陵寝中轴线上，在供奉饮食起居的“寝”宫前，是陵宫内最为重要的祭享殿堂。

明楼：古代帝王陵墓正前的高楼。

宝城：帝王陵墓“地宫”上面的城楼。

明十三陵充分体现了“天人合一”的哲学观点，正如英国学者李约瑟所说：“在门楼上可以欣赏到整个山谷的景色，其间所有的建筑，都和风景融汇在一起，一种人民的智慧由建筑师和建造者的技巧充分地表达出来。”

风水思想极盛

明清两朝帝王皆痴迷于风水，在都城选址、宫殿修筑、陵墓定位等方面表现得更明显。出身游方和尚的朱元璋曾为定都之事费了不少心思，他认为金陵城外牛首山和花山无朝拱之象，而北平依山凭眺、俯视中原，比金陵更有独尊之意而欲移都，终因群臣反对而放弃了。靖难之役后，明成祖再起移都之心，群臣疏曰：“伏惟北京，圣上龙兴之地，北枕居庸，西峙太行，东连山海，南俯中原，沃壤千里，山川形胜，诚帝王万世之都也。”

明十三陵全景图

十三陵之首——长陵

长陵为明十三陵之首，是明成祖朱棣和皇后徐氏的合葬墓，位于天寿山主峰南麓，建于永乐七年（1409 年），在十三陵中属建筑规模最大、营建时间最早的陵墓，地面建筑也保存得最为完好。陵园用料严格考究，施工精细，工程浩繁，营建时日旷久，仅地下宫殿就历时四年。

位于前三进院落中央的是整个祭祀建筑群的核心——祾恩殿，其形制与北京紫禁城奉天殿（今太和殿）相近，面阔九间，进深五间（取帝王“九五之尊”之意），面

长陵祾恩殿

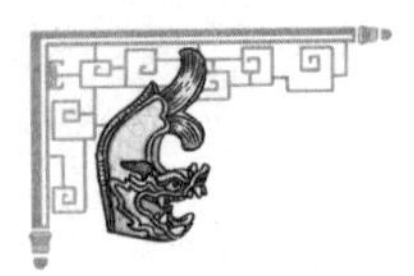

积仅比太和殿略小，面阔甚至略大于太和殿，为中国现存第二大木构殿堂；上覆重檐庑殿黄琉璃瓦顶，立于三重汉白玉台基之上。

除祾恩殿之外，长陵的另一座标志性建筑是方城明楼。它既是宝城的门户，也是整个陵寝建筑群的制高点。远望诸陵，最先映入眼帘的就是葱茏的松柏间黄瓦红墙的明楼。特别值得一提的是：下部方城与上部明楼形成竖向构图，与横向展开的祾恩殿形成造型、体量上的强烈对比，是中国古代建筑群构图设计的一大杰作。方城明楼的后面是圆形的宝城，由城墙环绕着东西直径 3 米、南北直径 2.8 米的坟冢，其上是郁郁葱葱的柏树，其下是被称为“玄宫”的墓室。宝城往北是天寿山的主峰，也是长陵的依托和屏障。如此一来，就把“封土为陵”与“因山为陵”两种模式巧妙地结合在一起，这是明代陵寝建筑一个集大成的创造。

长陵建筑群的制高点：方城明楼

石雕艺术

明十三陵的石雕作品已达极高的艺术境界。陵区前的石牌坊，不仅雕工精美，且其大小和高度的比例，在整个陵区的建筑群中显得极为协调适度。石像生布列严整，带有严谨的写实风格，它显示了明代大朝会的威严场面，恰如其分地发挥了陵墓前导建筑的辅助渲染作用。石雕群是陵前放置的石雕人和兽，古称“石像生”。从碑亭北的两根六角形的石柱起至龙凤门止的千米神道

明十三陵的神道与石像生

两旁，整齐地排列着24只石兽和12个石人，造型生动，雕刻精细，令人赞叹。其数量之多、形体之大、雕琢之精、保存之好，是古代陵园中罕见的。将石兽陈列于此是有一定含义的。例如，雄狮威武，而且善战；獬豸为传说中的神兽，善辨忠奸，惯用头上的独角去顶触邪恶之人，狮子和獬豸均象征守陵的卫士。麒麟为传说中的“仁兽”，表示吉祥之意。骆驼和大象忠实善良，并能负重远行。骏马善于奔跑，可为坐骑。石人分勋臣、文臣和武臣，为皇帝生前的近身侍臣，均为拱手执笏的立像，威武而虔诚。在皇陵中设置这种石像生，早在两千多年前的秦汉时期就有了，主要起装饰点缀作用，以象征皇帝生前的威仪，表示皇帝死后在阴间也有文武百官及各种牲畜可供驱使，仍可主宰一切。这些石像生气象端严，俨然是紫禁城宫廷仪仗队的写照。

三、各具风情的民居建筑

民居是指中国各地百姓的居住建筑。中国各地由于自然和人文环境的不同，民居也呈现出多样化的面貌。这些民居充分考虑当地的自然材料、气候、生产力水平、习俗、审美等因素，做到就地取材、趋利避害、因地制宜。一些民居考虑到安全因素，甚至还具有防御功能。中国的民居，不论从地域划分还是从形式划分，都有众多种类，难以全部囊括。这些民居没有固定的制式，没有统一的标准，但凝练的都是人民的智慧。

（一）就地取材——陕北窑洞

穴居的进化

“穴”是人类最原始的居住场所。祖先利用天然的洞穴或依山开挖的土洞、石洞来挡风遮雨、躲避野兽的袭击、贮存生活用品和食物。随着数千年历史的延续，人类社会文明的进步也使建筑风格变得多样化。由“穴”发展延续下来的窑洞建筑时至今日仍焕发着极强的生命光彩，如陕北、河南、山西、甘肃的窑洞建筑。

窑洞作为黄土高原的原始建筑形态，以适应黄土高原的地质、地形、气

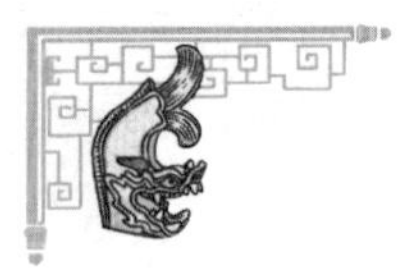

候特点而延承至今。人们利用黄土壁立不倒的特性创造了窑洞这种拱形穴居式住宅。在建造过程中，无论是窑洞的墙面、院墙、火炕还是窑顶，都用黄土“装饰”，都保持这种土黄的色调。站在黄土高原上放眼望去，稻谷的“黄”、窑洞的“黄”与人们肤色的“黄”一脉相承、宛出一宗。

> 黄土高原的成因：黄土高原是由于风力堆积作用形成的。亚洲东部季风区强大的冬季风来源于中、高纬内陆地区，即西伯利亚和蒙古高原一带。风带来大量的沙尘，遇到太行山、秦岭等山脉的阻挡，沙尘沉积下来形成现在的黄土高原。

窑洞建筑还是节约能源、节省建筑用地、保护生态环境的典型代表。陕北人民充分利用当地的自然优势，因地制宜，在实体山脉中取得空间，将自然与人类结合，创造出冬暖夏凉的宜人住所。无论是院墙、檐面还是火炕、土灶，都是对土资源最大限度的利用。这样既节约了占地，又降低了造价。黄土既是建筑材料，也是装饰材料，整体给人以柔软舒适的材料质感。窑洞是人民用智慧和双手创造的本土建筑，更是中国传统建筑文化的杰出代表。

窑洞

多彩的窑洞

1. 窑脸

在窑洞壁面上露出来的窗户和门，被当地人称为“窑脸”。窑脸是每间窑洞最重要的对外装饰区域，一般是在右边或两边用砖垒成矮墙，上方的花格亮窗形成宽敞明亮的视觉区域。这种做

窑脸

法不仅增大了窑内的采光量、通气量，还形成了极富装饰性的以几何图案构成的表现区域。如果你连看了许多家窑洞，就会发现，每一家窑洞窑脸上的木制几何图案都是不同的，画面千变万化，很有趣味性。

2. 花窗图案

各式各样的花窗图案

窗户是窑洞中最讲究、最美观的部分。洞口有多大，窗户就有多大，窗户用木头精细加工而成。窗户的美观与窗格子的设计有关，格子的形状有正方形、长方形、圆形、椭圆形、波状的等。在陕北，窑洞的窗户大多是用麻纸糊成的。每到过年时，人们便会将去年贴在窗格子上的麻纸撕下来换成新的。由于窑洞色彩单调，为了美化环境，窑洞的主人就用剪纸装饰窑洞，他们大多将这些多姿多彩的剪纸贴在窗户上，营造出喜庆的气氛。人们根据窗户的格局，把窗花布置得既美观又得体。将窗花贴在窗外，从外看颜色鲜艳，从内观则明快舒坦，从而产生一种独特的光、形、色相融合的形式美。由此，陕北的剪纸艺术结合窑洞而形成了特有的民间艺术形式，为窑洞窗户的外观美添彩生辉。

窗花剪纸

同时，门框上面半圆的形状和方形的门窗组合，恰好表现了人类远古时期形成的“天圆地方”的概念。这种造

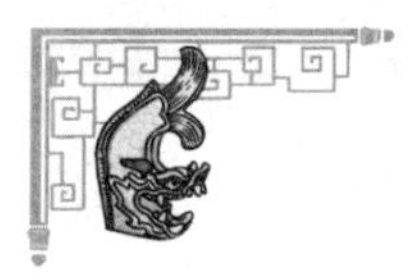

型也表达了人们对自然的模仿与崇拜，以及环境意识中的因地制宜、天人合一的古老哲学思想。

3. 内置家具

在窑洞的居室中，炕和灶是最主要的生活设备。关于土炕，生活在陕北、甘肃以及东三省的一些居民最熟悉不过了。一般将炕建在紧挨窗户的位置，其次会安置锅灶，炕头和灶头是挨在一起的，当地有句俗话叫“锅台挨炕，烟囱朝上”，做饭时的烟火就能把炕烧热，一举两得。这样，在寒冷的冬季，土炕就成为一个名副其实的火炉供人们取暖。炕上铺着毡子，放上小炕桌，具有浓厚的黄土高原风格，又透露出一些游牧民族生活的遗风。

窑洞内布置的炕和灶

黄土家园

在陕北人的心目中，一个人能拥有几孔像样的窑洞也就预示着他在这一方百姓中有多大的威望与声誉。但凡男婚女嫁，女方首先要了解的就是男方家有没有窑洞，是土窑洞还是石窑洞。在陕北人眼里，窑洞不仅仅是他们赖以生存的地方，更是他们衡量生活标准的一个重要尺度。

对于陕北人来说，箍窑洞算是一生中一件极其重要的事情。俗语说：“箍窑盖房，一世最忙。”在传统观念里，窑洞箍得怎么样，是关系到子孙后代凶吉祸福的大事。箍窑首先得请风水先生来看地形，定方向，择吉日破土动工。一般选在农闲季节箍窑洞，乡邻们可以腾出时间互相帮忙。只要遇到谁家箍窑盖房，似乎就不仅仅是这一家人的大事，而是全村人的大事了。

如果谁家要乔迁新窑，这又是村里的一件大事情，俗称“暖窑”。有时候暖窑的热闹场景一点都不亚于娶亲嫁女，届时，不论是亲朋好友还是左邻右舍以及帮忙的村民，都会前来祝贺。贺礼或是一瓶酒，或是一块肉，或是一只梨花老母鸡，礼不在多，主要是图个吉利，称之为“添财”。主人则拿出全部的殷勤，款待庄邻，再把炕烧得热乎乎的、暖融融的。男人们像原始部落狩猎归来那样席地而坐，猜拳行令，大碗喝酒、大块吃肉。女人们也聚在后炕头嗑着瓜子，拉着家常。在这笑声间，也有喝多了酒的男人会借着酒劲高喉咙大嗓子地唱开了陕北民谣：“老哥喜迁新窑家，窑洞摆设齐刷刷；响门亮窗贴窗花，乡亲邻里乐哈哈。”

陕北窑洞与黄土地之间巧妙的结合，构成一幅黄土高原人“平静、朴实、与世无争”的生活场景。无论是远观那层层叠叠依山沿沟的靠崖窑群，还是俯视那星罗棋布、虚实相间的天井窑群，都给人一种粗犷古朴、乡土味很浓的美感。而红色的剪纸和窗花，更是传递着人们对生活的热爱。袅袅升起的炊烟、公鸡的阵阵啼鸣，又预示着一个美好艳阳天的开始，既给人以浓郁的乡情与平和之感，又让人深切感受到人们对美好未来的无限憧憬和追求新生活的极大热情。

陕北人淳朴而丰富的生活

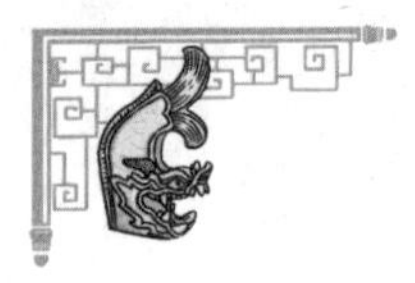

（二）避害趋利——傣家竹楼

趋利避害

傣家竹楼是把底层架空的干栏式住宅，也是我国现存最典型的干栏式建筑。干栏式民居包括竹楼、吊脚楼等形式，最主要的特点是底层架空。这种建筑分为上下两层结构，上层住人，下层圈养家畜和堆放杂物，有遮阳、隔热、通风、防潮、抗洪以及防御蛇、虫、野兽侵害的优点。这里我们以云南傣家竹楼为例重点说明。傣族人居住在山岭间的平坝上，这里属于热带丛林，气候湿热多雨。

傣家竹楼

古人说："宁可食无肉，不可居无竹。"从这个意义上说，生活在云南西双版纳地区的傣族人应该算得上是最幸福的人，他们不仅居住在"竹"楼里，而且吃着"竹"筒饭，喝着"竹"筒酒，真是逍遥似神仙。之所以用竹子建房，一方面是因为西双版纳多产竹子。数十种竹子中的龙竹和金竹最宜于作建筑材料：龙竹粗壮，可作支柱和横梁；金竹编制篾席柔软细嫩，堪称上等材料。另一方面是因为竹材的特性，其自身不生凉或放热，冬暖夏凉。

艺术成就

傣家竹楼是干栏式建筑中最原始、最纯粹的民居之一，其原始性与纯粹性表现在没有形成围合的院落，并且竹楼底层不设门。客人可以毫无障碍地沿楼梯直接走到二楼主人的卧室，且室内也没有明确的"开间"观念。傣家

人隔帐不隔墙，代表全家人的心永远相通，没有隔阂。

傣家竹楼是傣族建筑艺术的杰作，不但牢固适用，而且造型独特美观、玲珑小巧。傣族民居轻巧变化的空间、丰富错落的轮廓源于其轻屋盖的绑扎竹结构体系。竹楼建筑不受规范化的营造技术约束，随意性较大，任意添改、自主营建、材料自取，所以个人创意可得到自由发挥。

傣家竹楼功能示意

竹楼传说

傣族人住竹楼已有 1 400 多年的历史。有一个这样的传说：最早的统治者帕雅桑巴底建宫殿时，受到凤凰展翅欲飞的姿势启发，突然想出了建造高脚竹楼的主意，于是按凤凰低头垂尾展翅之姿，造了“烘亨”竹楼，后来才演变为现在的竹楼。在建造时，天上的龙、地上的狗等教他做楼梯、立柱子，终于形成现在的形式。因此至今仍有“龙梯”“狗柱”等称呼。还有一种传说是，诸葛亮找了几根筷子往地上一插，把帽子往上一盖，说：“就照这样去做吧！”于是，傣家人就照这个式样建造了自己的住房。你看，撑着竹楼的那些柱子不就像筷子吗？那竹楼不就像一顶帽子吗？那晒台不就像帽檐吗？虽为传说，也说明傣族较早的房屋形式就是楼居的干栏建筑。

在建盖竹楼时，要在柱子上捆扎几块芭蕉片和叶子，这跟一个传说有关。相传有一个叫帕雅桑目蒂的傣族人，一次在建盖竹楼时，砍了一棵名叫波那的大树做柱子。这棵树是河中恶龙上天时的阶梯。恶龙找到了帕雅桑

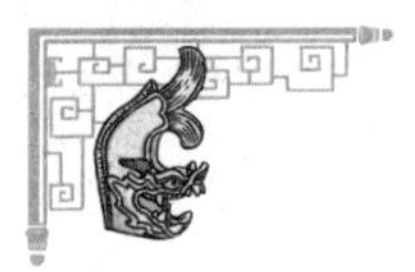

目蒂的家，用利爪将他掐死了，还霸占了他的妻子。一个叫波嘎的商人恰好到帕雅桑目蒂家借宿，便想解救帕雅桑目蒂的妻子。他把帕雅桑目蒂的妻子藏在谷屯中，又砍来一截很粗的芭蕉树，把它打扮成帕雅桑目蒂妻子的样子，放在床上。夜里，恶龙钻进卧室用力抱住了帕雅桑目蒂的“妻子”，由于用力过猛，利爪深深地扎进了芭蕉树，波嘎乘机拔出长刀杀死了恶龙。于是，恶龙的子孙后代一见芭蕉树便惊恐躲避。

“有一个美丽的地方，傣族人民在这里生长，密密的寨子紧紧相连，弯弯的江水碧波荡漾。”这不仅是一首优美动听的傣族歌曲，也是傣族村寨的真实写照。不需要点缀与衬托，傣族村寨本身就是一幅美轮美奂的田园风光画。一首《月光下的凤尾竹》不知把多少人带入那在竹林影映下的傣家竹楼——摇曳多姿的凤尾竹美丽别致又古朴，与历经沧桑的竹楼和穿红戴绿的傣族少女，一起构成了一幅天然的五彩画卷，让人流连忘返。

傣家竹楼

（三）战事防御——福建土楼

传统民居中有一类民居是由于时局动荡、外界侵扰，居民为了自身安全而将防御性能作为重要设计因素的建筑，如福建的土楼、开平的碉楼、西藏的碉房等。这里我们重点介绍福建土楼。

类型丰富

客家人原是古中原汉族人，由于战乱、饥荒和政府奖惩等原因，辗转南迁，因地制宜，创造了一种兼具中原文化与当地少数民族文化特色与内涵的客家文化，包括客家话、戏剧、音乐、工艺、习俗、建筑、饮食等。客家人于当地人而言是外来户，因而不时受到土著和盗匪的袭击。为了保护自家族人的性命与财产，家族的人聚居起来，建造了特色鲜明的土楼。这也让

团结和奋进成为客家文化的精神内涵。

福建土楼

福建土楼主要分布在闽西、闽南一带，大小形制不一，最小的圆楼是南靖县的翠林楼，只有8个开间，而最大的丰作厥宁楼，共有72个开间，再没有比72间更大的了。这是为什么呢？在封建社会，数字与等级密不可分，“九”为阳数之极，平常百姓并不能使用，九九八十一间便不可能出现，故在其之下的八九七十二则是最大的开间数了。

土楼的前身是唐朝时期的兵营和山寨建筑，一般高三到五层，一层为厨房，二层为仓库，这两层是不开窗的，以防敌人进入，三层以上为起居室，有时会将棺材存放在最顶层。

土楼主要有五凤楼、方楼和圆楼这三种类型。

五凤楼是汉族文化发源地——黄河中游流域古老院落式布局的延续发展，在其群体组合中，只有轴线末端的上堂屋采用了坚厚的夯土承重墙。其总体呈对称布局，多数为“三堂两横”，平面类似于其他地方的府第式“合院住宅”，但五凤楼中堂后面不是一样高的“后堂”，而是一座三四层的土楼，两侧横屋则后高前低，层层跌落。整个建筑犹如飞鹏展翅，很是壮观。该种类型住宅仍然强调尊卑秩序而非专注于防御，总数甚少。例如，位于永定高陂的“大夫第”裕隆楼，便是一座典型的五凤楼。

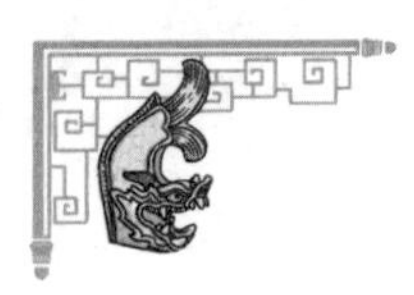

裕隆楼

方楼的布局同五凤楼相近，但其用坚厚的土墙将总体都包围起来，呈方形，再沿此墙扩展该楼其他建筑物。扩建的制式规格通常是敞开的天井与天井周围的回廊。这些相同建造样式的楼层堆积起来，再使用木制地板与木造栋梁，加上瓦片屋顶，即成为土楼中的方楼。

方楼一般为“口”字形，相比五凤楼，其防御性大大加强。坐落在今福建省南靖县默林镇珍山村的和贵楼就是典型的方楼。

方楼

至于圆楼，其构造与方楼接近，但总体形状为圆形。圆楼的规模差异主要体现在环形结构的数量上，小型圆楼一般高三层，只有一个环形结构，

祖堂设在大门正对的位置；中型圆楼高三到四层，直径比较大或者有两个环形结构；大型圆楼则有三四个环形结构，直径非常大，四到六层高。中、大型圆楼的祖堂一般在院内的中心。圆楼建筑特征突出，一方面，在圆形建筑物中，尊卑主次明显削弱；另一方面，它的防御功能极强，俨然成为极有效的准军事工程。

圆楼

说到圆楼，就不得不提福建南靖县内一处堪与比萨斜塔媲美的古建筑，它就是号称“东倒西歪楼”的裕昌楼。裕昌楼最大的特点是柱子东倒西歪，最大的倾斜度为15°，看起来摇摇欲坠，但经受了700余年风雨的侵蚀和无数次地震的考验，至今依然稳固，成为古民居建筑的活标本。裕昌楼还有另外一个大看点，那就是五行道的造型。裕昌楼初为刘、罗、张、唐、范五姓族人共同兴建居住，故整座楼设计为间数不等的五大卦，每卦设一部楼梯，外墙设五个瞭望台。五姓人家，五层结构，五个单元，五行排列，体现了祈望五谷丰登、五福临门的美好愿望。

裕昌楼

优点集成

土楼作为客家人及闽南人上百年的居所，其优点为：第一，防御性强，安定的环境是生存的基础，这也是最重要的一点。第二，就地取材，采光通风优异。作为建造土楼的最基本材料的黏土、沙土在当地取之不尽、用之不竭，而且旧土还可以反复使用。第三，坚固耐久，抗震。土楼抗震性能优越，震后裂缝甚至可以自动愈合。第四，室内物理性保持良好，不受外界环境影响，厚厚的土墙让土楼内部形成一个独立的小气候环境，并不受外界多变天气的影响。

八卦设计

振成楼

永定客家土楼中，许多土楼是按照八卦图设计的，例如有“土楼王子”之称的振成楼。坐落于湖坑镇洪坑村的振成楼为悬山顶抬梁式构架，分为内外两圈，形成楼中有楼、楼外有楼的格局。卦与卦之间的隔火墙可以确保一卦失火并不会殃及池鱼，卦与卦之间还有卦门，关闭自成一方，开启则四方通达。

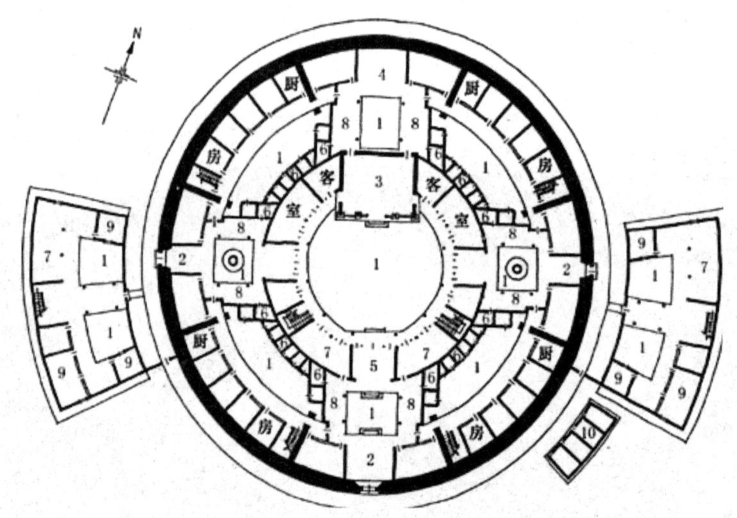

振成楼平面图

图片来源：戴志坚.福建民居.北京：中国建筑工业出版社，2009.

客家人建造土楼时为何要遵循八卦呢？ 客家人来自中原，深受中原文化的影响，并将八卦原理运用到建筑中来。我们来了解一下何为八卦。八卦是我国古代的一套有象征意义的符号。用“——”代表阳，用“— —”代表阴，用三个这样的符号组成八种形式，形成八卦。每一卦形代表一定的事物，如乾代表天，坤代表地，坎代表水，离代表火，震代表雷，艮代表山，巽代表风，兑代表泽。八卦代表了中国早期的哲学思想，除了占卜、风水之外，其影响还涉及中医、武术、音乐等各个方面。在土楼中运用八卦一方面为形似。例如，土楼中运用八卦最具代表性的就是振城楼，其布局分内外两圈，形成楼中有楼、楼外有楼的格局。前门是“巽卦”，而后门为“乾卦”。外楼圈 4 层，每层 48 间，每卦 6 间；每卦设一楼梯，为一单元；卦与卦之间以拱门相通。另一方面则体现在其防御性上。大家都知道，八卦常被运用在军事中，最著名的就是诸葛亮阻挡周瑜追击的八卦阵。在土楼中，卦与卦之间是隔火墙，一卦失火，不会殃及全楼；卦与卦之间还设卦门，关闭后自成一方，开启后各方都可以相通。一旦盗贼入屋，卦门一关，即可瓮中抓鳖，足可见客家人的睿智。

八卦图

蕴含着客家人智慧与辛勤劳动的土楼是一首歌，一首在传统主旋律变奏下融进山歌音调的抒情歌！土楼也是一幅画，一幅虚实相间并且贯注了创建者智慧的写意画！那种长幼有序、尊老敬贤、勤俭持家、奋斗拼搏、自强不息的传统文化精神通过土楼的漫长画卷不断传递着。

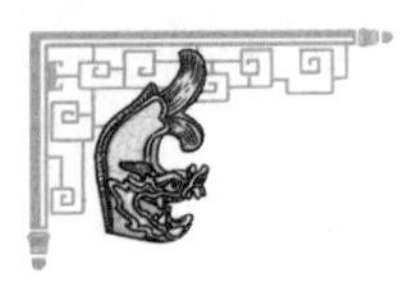

（四）闹中取静——合院式建筑

山西乔家大院

合院式建筑作为使用地区最广，所体现的空间意象最复杂、最丰富的建筑类型，也是中国民居建筑的主体。从北方的北京四合院、山西合院，到南方的皖南“四水归堂”，再到云南“一颗印”，都是现存的合院式建筑。

合院式民居的基本平面形制是以庭院为中心，在庭院四边布置房屋，正房坐北朝南，厢房配列东西，倒座居南朝北，呈现中轴对称、左右平衡、对外封闭、对内开敞、向心、方整的平面特点。

合院式民居的基本庭院空间平面类型分为三类。第一类：四合院，四面都有建筑围合，院落中轴对称，是最常见的院落形式。

第二类：三合院，一般有正房、倒座、厢房，仍然保持中轴对称布局。这种要属云南的“一颗印”民居最为典型。

第三类：特殊合院，建筑组成不定，布局也没有规律，根据地形或街巷的走向而灵活设计，建筑根据需要来布局。如山西祁县的乔家大院，由6个大院、20个小院、313间房间组成，总占地面积达8 700多平方米。大户人家为了显示地位，往往会向外扩大房产，但是合院式民居的基本体制、文化内涵几乎都不会变化。

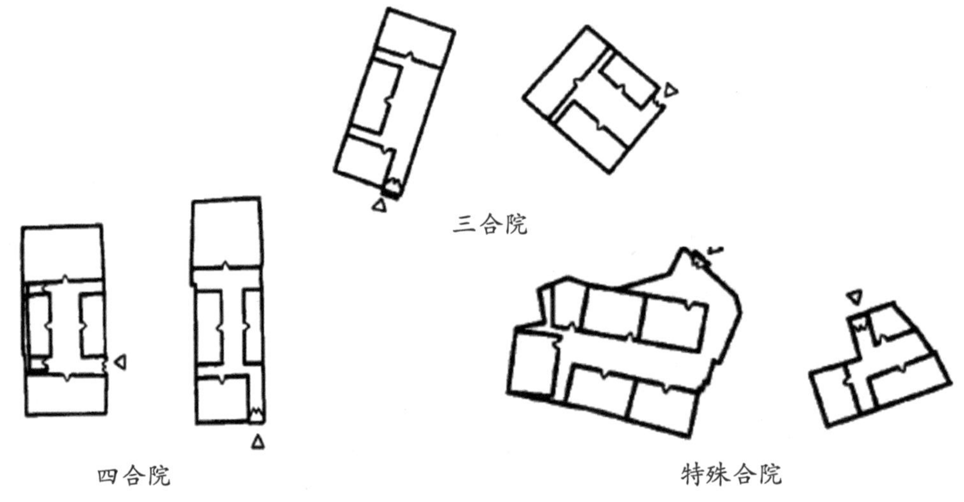

三合院

四合院

特殊合院

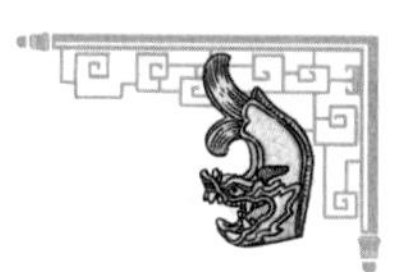

闹中取静

对外封闭的建筑特点，使家内情况不容易外露，从而减少或避免外力对家庭生活的干扰。对内开放，可增强家庭成员之间的联系，增强凝聚力。于纷扰喧嚣的外界中独立划分出属于自己家族的空间，从而保证自己生活的宁静，足见四合围墙对家庭美满生活的重要性。

排兵布阵

四合院的房屋是按照“北屋为尊，两厢次之，倒座为宾，杂屋为附”的理念，按南北中轴线来安排的。所谓“一正两厢”，“一正”指北边的正房，它坐北朝南，是家中长者、尊者居住之所；“两厢”指东西对称布置的厢房，按照长幼有序的原则，是家中晚辈的住处；南边的倒座房在旧时是给仆人居住的，也可以作为客房。从四合院规整严谨的房屋布局，不难看出方正严明的构造思想；而在房屋的分配上，又充分体现了家庭的伦理、尊卑和宗法秩序。

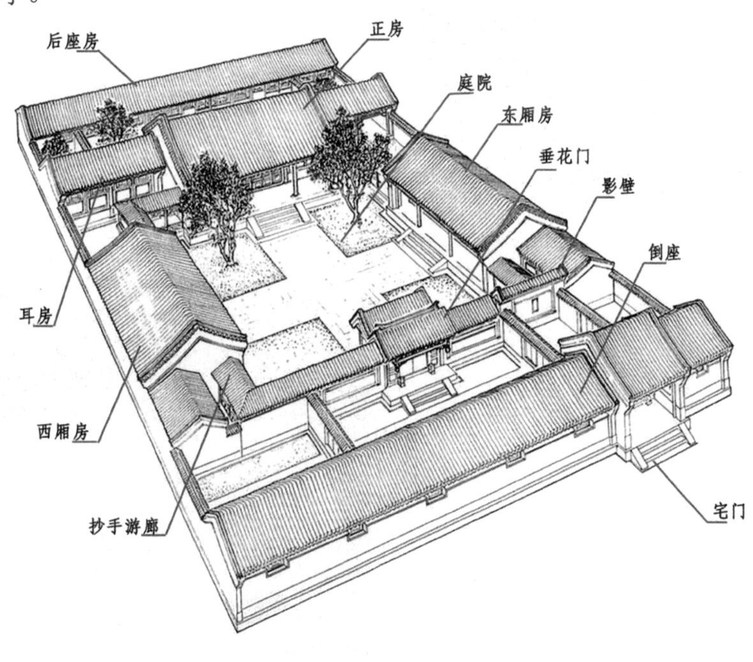

四合院平面图

元素内涵

四合院的构造元素有很多，每种元素又被赋予独特的文化内涵，如大门、影壁、窗户等。

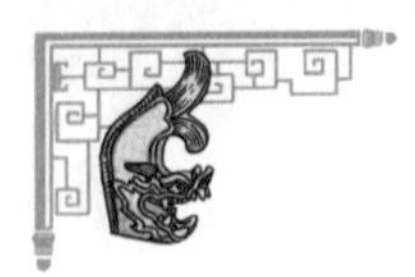

中国古代很重视大门，把大门作为决定吉凶祸福的关键所在，作为家庭兴衰的标志，作为维护和继承家族传统的窗口。人们寄寓于大门的观念，远远超越了门的实用功能。北京四合院十分讲究坐北朝南，但是大门却在东南方。其原因有三：其一，与城市、街道规划相关，需要面街而开。其二，开门的方向和传统的风水习俗有关系。北京四合院的这种布局形式叫做“坎宅巽（xùn）门”，“坎”在五行中主水，是正北方位，将正房建在正北方水位上，希望可以避开火灾；南方主火，北京内城里的人家一般都是做官的，官属火，门朝南开图个官运亨通的好彩头；“巽”在五行中为风，是东南方位，门开在东南方进出方便。其三，受气候影响，北京冬季刮西北风，夏季刮东南风，门开在东南面，冬季可以躲避寒风，夏季可以迎风纳凉。

八字墙照壁

照壁，也称影壁，属于大门的附属建筑物。从纯建筑学角度讲，大门内的照壁是遮挡风和视线的，墙面装饰有观赏的效果。而按照风水的说法，“气”直来直去容易折损人丁，修建照壁可以挡煞、避免气冲，还可以使门内的气流绕壁而行，聚气不散。

一字墙照壁

照壁基本上可以分为两种形式：一字墙和八字墙。根据四合院的规模、主人的身份地位、门的大小等，照壁的装饰也有所不同。哪怕最简单的、没什么装饰的照壁也要砌得整整齐齐，不影响美观。讲究的照壁，上端则用砖磨成的小筒瓦和椽头砌出小飞檐，再装饰许多富有吉祥寓意的砖雕图案，比如“岁寒三友”“麒（qí）麟（lín）送子”等，或是在正中刻上“万事如意”“五谷丰登”等吉利语，使得照壁既具有遮挡的实用价值，又起到装饰作用，增加了四合院的美观，还可以祈祷吉祥，更添文化意蕴。

四合院中与大门同一水平位置的还有倒座，倒座位于院落主轴线上，与正房反向布置，进深较小，约8尺，所以亦称“倒八尺”。倒座房是整个四合院中最南端的一排房子，因其门窗都向北，采光不好，因此一般作为客房或者仆人居住的房屋。

四合院是合院式民居的典型代表。由于气候、观念、习俗等的影响，各地也形成了很多各具当地特色的合院式民居，大家如有兴趣可进一步去搜集资料深入了解。

第四章 诗情画意的中国园林

一、中国园林的精髓

追根溯源

中国园林起源于商代的“苑”，那时人们将一些野兽放养在一块山林地里供帝王狩猎行乐，这块山林地就叫做“苑”。早期的苑只有一些用来瞭望和观测天文的土高台。直到西周，苑囿的规模得以扩大，除了放养野兽，还开池沼养鱼，在高台之外又建造了宫室以供帝王享乐。魏晋南北朝时期，对政治失望的文人士大夫转而寄情山水，在宅院里建造亭台楼榭、开池沼、堆假山、种植物……营建属于自己的具有自然山水美感的小环境。

追溯中国园林意识形态方面的因素，其一是“天人合一”的思想，既要利用大自然的各种资源造福人类，又要尊重大自然、保护大自然及其生态；其二是“君子比德于玉”的思想，即美善合一的自然观和“人化自然”的哲理，启发人们对大自然山水的尊重，将大自然的外在形态、属性与人的内在品德相联系；其三为神仙思想，这是原始的神灵、山岳崇拜与道家的老庄学说的混合产物。中国神话中将海中三神山称为“三壶”：“海上有三山，其形如壶，方丈曰方壶，蓬莱曰蓬壶，瀛洲曰瀛壶。”壶中仙境的美感，正是中国古典园林孜孜以求的永恒目标。

分门别类

中国古典园林种类繁多，按园林隶属关系可分为皇家园林、私家园林、寺观园林。皇家园林古籍里称为苑、苑囿、宫苑、御苑、御园等，属皇帝个人和皇室私有。皇家园林按使用情况的不同，又分为大内御苑、行宫御苑、离宫御苑等。

私家园林属于贵族、缙绅等私人所有，古籍里称为园、园亭、园墅、池馆、山池、山庄、别业等。寺观园林是各种宗教建筑的附属园林。此外，陵寝园林是为埋葬和纪念先人、实现避凶就吉之目的而专门修建的园林。

中国古典园林分人工山水园和天然山水园。人工山水园指在平地上开凿

大内御苑是皇帝的宅园，建在皇城和宫城之内，紧邻皇居，便于皇帝日常游憩。行宫御苑和离宫御苑建在都城近郊或远郊的风景优美之地，或者建在远离都城的风景区。二者的不同之处是：行宫御苑供皇帝偶尔游憩或短期驻跸；离宫御苑作为皇帝长期居住、处理朝政的地方，相当于一处与大内相联系的政治中心。

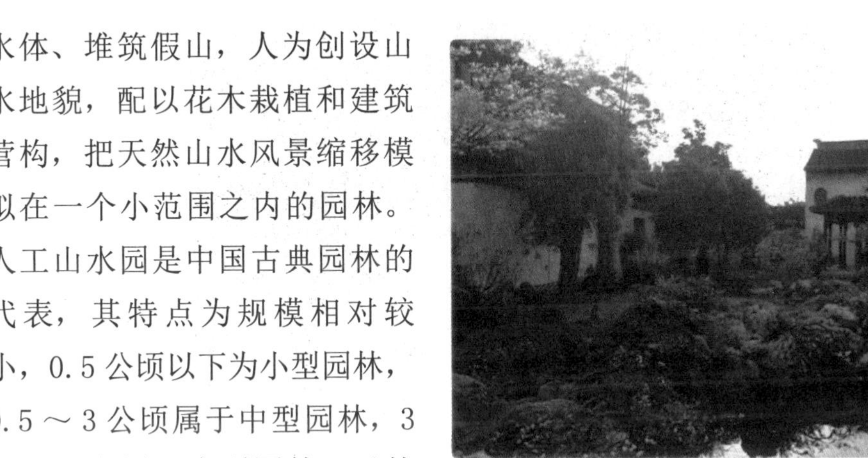

苏州园林一角

水体、堆筑假山，人为创设山水地貌，配以花木栽植和建筑营构，把天然山水风景缩移模拟在一个小范围之内的园林。人工山水园是中国古典园林的代表，其特点为规模相对较小，0.5 公顷以下为小型园林，0.5～3 公顷属于中型园林，3 公顷以上属于大型园林。天然山水园通常在城镇近郊或远郊的山野地带，包括山水园、山地园和水景园。

园林特色

1. 本于自然，高于自然

虽然中国古典园林以自然风景的基本要素为依据构建，但其绝非简单地模拟这些构景要素的原始状态，而是有意识地改造、调整、加工、剪裁，从而表现出一个精练的、概括的自然和典型化的自然，这也是中国古典园林的主要特点。这一特点在人工山水园的叠山、理水和植物配置方面表现得尤为突出。

2. 建筑美与自然美的融糅

中国园林建筑形象之丰富在世界上首屈一指，布局自由、因山就水、高低错落，以千变万化的手法强化建筑与自然环境的嵌合关系。同时，还利用建筑内部空间和外部空间的通透、流动的可能性，把建筑的小空间与自然界的大空间联通起来。为了进一步把建筑协调融糅于自然环境中，还创造性地

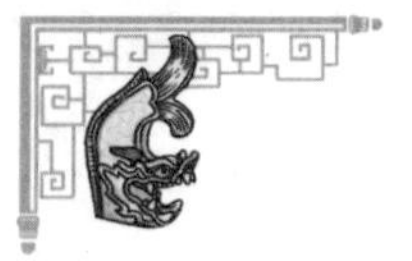

营建出许多别致的建筑形象和构造。

3. 诗画的情趣

诗情主要表现在两个方面：一方面，把诗中境界在园林中以具体形象复现出来，或者运用景名、匾额、楹联等文学形式对景园作直接的点题；另一方面，文学作品中的起承转合、先抑后扬等手法，在园林的规划设计中也常有应用。优秀的中国古典园林作品是大自然的概括，是升华的山水画，是把讴歌大自然美感的诗文以过渡空间形式复视到人们的现实生活中来。

退思园

4. 意境的涵蕴

意境是中国艺术创作和鉴赏方面极重要的内容。创作者把自己的感情、理念熔铸在客观生活或景物中，从而引发鉴赏者类似的情感迸发和理念联想。

中国古典园林不仅借助具体的景观——山、水、花木和建筑所构成的风景来传达意境的信息，还运用园名、景题、刻石、匾额、对联等文字方式表达、深化意境的内涵。

南北异同

传统园林是自然式的园林，意境深远，形式多样。但由于气候、地形、物产等不同，南北方的园林还是有很大差异。

北方园林地域广阔，可以囊括自然山水，所以规模和体量都比较大，具有气势宏伟、富丽堂皇的特点。此外，北方园林的建筑线条比较平缓，墙体较厚，显示出稳重的一面。不过因为缺少常绿树木，到了冬季，北方园林的

色调往往比较单一。于是，巧匠们便采用鲜艳的色彩对园林进行装饰，红墙红柱，浓墨重彩。常用的琉璃瓦，在阳光的照射下也能产生美妙的视觉效果。

在南方，因多为私家园林，所以整体规模偏小，多是人造景观，但结构繁复细腻，不拘形式。由于降水多，南方的园林中有很多楼台走廊，建筑物飞檐翘角，曲折动感，十分活泼。和北方园林的浓墨重彩不同，南方园林以黑瓦白墙为主，与点缀其中的景物形成一幅幅灵动的水墨画，轻巧而婉约。

苏州园林中的戏台

园林要素

筑山：即堆筑假山。采用各种形状、纹理、色泽的石材，以不同的堆叠风格形成许多造型。以小尺度创造峰、峦、岭、岫、洞、谷、悬岩、峭壁等，是真山的抽象化、典型化缩移模拟，能在很小的地段上展现咫尺山林，幻化千岩万壑的气势，并形成多种堆叠风格。

理水：以小尺度呈现河、湖、溪、涧、泉、瀑等景象。“虽由人作，宛自天开。”再小的水面，也必须曲折有致，并利用山石点缀岸、矶，故意做出港湾。明朝文震亨《长物志》中描述：“一峰则太华千寻，一勺则江湖万里”，足可观其以小见大的精髓所在。

植物配置：我国园林的植物配置以树木为主调，使人联想到大自然丰富

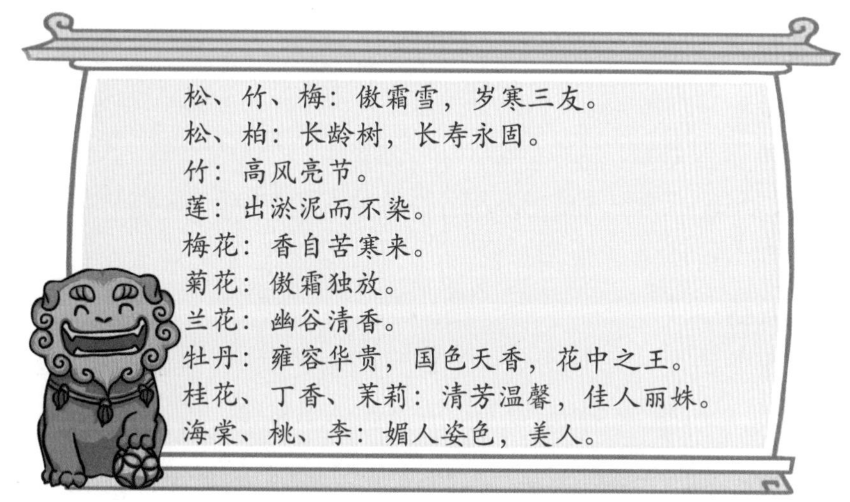

松、竹、梅：傲霜雪，岁寒三友。
松、柏：长龄树，长寿永固。
竹：高风亮节。
莲：出淤泥而不染。
梅花：香自苦寒来。
菊花：傲霜独放。
兰花：幽谷清香。
牡丹：雍容华贵，国色天香，花中之王。
桂花、丁香、茉莉：清芳温馨，佳人丽姝。
海棠、桃、李：媚人姿色，美人。

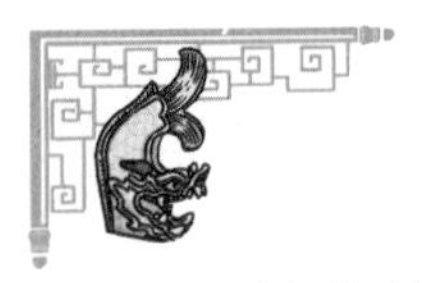

繁茂的生态。其不讲究成行成排，随意参差，运用少量的艺术概括来表现天然植被。观赏树木和花卉的形、色、香均拟人化。

建筑营造：建筑营造方面充分发挥传统木构建筑本身的特性，内外墙可有可无，空间可虚可实、可隔可透，具有很大的灵活性和随意性。由于木头本身轻盈，利于与周围环境融为一体，呈现出千姿百态、生动活泼的外观形象，如亭、廊、榭、舫、厅、堂、馆、轩、斋、楼、阁等。

二、富丽堂皇的皇家园林

（一）江南情怀——颐和园

颐和园地处北京西郊，占地290多公顷，借西山余脉而作万寿山，汇西山诸泉而成昆明湖，依托自然山水，其造景寓意丰盈，堪称皇家园林的博物馆。

颐和园鸟瞰图

颐和园

南北融合看布局

颐和园的总体规划以杭州西湖为蓝本。其园林布局特点为以水取胜，宽广的昆明湖是布置景物的最好基础。全园面积4 300多亩，其中陆地面积仅有四分之一，水面积之大在北京诸园中是独一无二的。总体分为宫廷区、万寿山和昆明湖，可谓山环水抱。

江南情怀看配置

甚爱江南的清朝乾隆皇帝说：“既具湖山之胜概，能无亭台之点缀？”于是乎，园内大小建筑3 000余间，各种廊、亭等尽显这位皇帝的江南情怀。

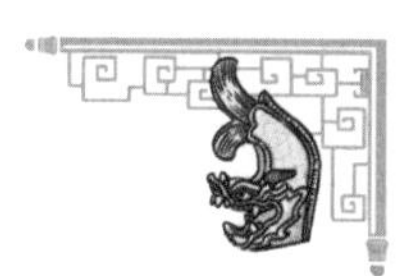

颐和园长廊

1. 廊

众多的游廊点缀于湖光山色之中，形成了分隔山水的界面，组成了自然而又富有魅力的园景。廊在颐和园中的布局构思极为巧妙，连阁串殿，绕水环山。

1992 年，颐和园的长廊被认定为世界上最长的长廊，被列入“吉尼斯世界纪录”。同时，它还是一座彩画的博物馆，在长廊四周的梁枋等处，绘有形式多样、内容丰富的14 000 多幅彩画，尽显中国传统文化的内涵。

画中游

颐和园中还有一种将廊与楼阁巧妙结合的独特建筑——画中游，随山势变化呈前低后高的形式，以爬山廊连接各建筑，建筑形式丰富多彩，楼、阁、廊分别建在不同的等高线上，形成了高低错落的丰富层次，青山翠柏簇拥着一组由红、黄、蓝、绿琉璃瓦覆盖着的建筑群体，酷似一幅中国山水画。

2. 亭

亭是中国园林中重要的点景。颐和园深阔的空间缀有 40 多座亭，呈方形、圆形、菱形、六角形、八角形等。有的建于山腰，有的建在山巅，有的临水，有的筑于桥上，有的缀于廊的中间或尽头，千姿百态，优美动人。

颐和园知春亭

以知春亭为例，它是一座双围柱重檐攒尖顶四角亭。作为景观设计的点睛之笔，知春亭与东岸耸立的文昌阁共同构成一组水陆相谐的景观。除此以外，知春亭还为游人提供了一个远观全园景物的极佳观景点。立于知春亭远眺，能以最佳的视角环眺三面景色，在视野范围内形成了一幅长 2 000 多米的中国山水意境画长卷。综上，从“点景”与“观景”两方面看，知春亭的布置极其成功。

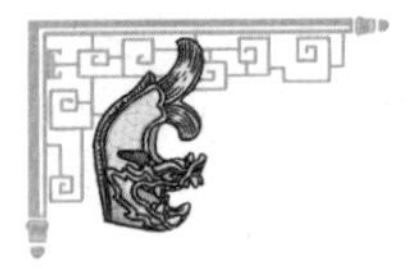

3. 桥

在颐和园中，昆明湖占据了全园面积的四分之三，大片的水域必然要配置数量繁多的桥。园中的桥，设计别出心裁、各不相同：有横卧碧波、连接东堤与南湖岛的十七孔桥；有跨越后湖、通往彼岸的玉带桥；有允许御船在高拱下通过的绣漪桥；有充满人文意境的知鱼桥；还有各式各样或连接长堤或飞跨山涧的大小石拱桥。

十七孔桥横卧于碧波荡漾的昆明湖上，如一条绸带连接东堤与南湖岛，是通往南湖岛的唯一通道，也是园中最大的石桥。石桥宽 8 米，长 150 米，由 17 个桥洞组成。石桥上的石雕极其精美，两边的白石栏杆共有 128 根望柱，望柱上雕有大小不同、形态各异的石狮共 544 只。

颐和园十七孔桥

精美装饰看细部

颐和园作为皇家园林的代表，不仅规模宏大、气势非凡，而且每一座建筑都在细微之处反映出皇家独有的精致与华美，运用了各种艺术手法对建筑进行装饰，如彩画、琉璃、砖雕等。

颐和园梁枋彩画

彩画是颐和园内建筑最主要的装饰，丰富的色彩不仅使建筑更具吸引力，在阳光的照射下还能产生强烈的明暗对比效果，给人以视觉冲击。颐和园内的木构建筑都施以不同形式的彩画，大部分是和玺彩画与苏式彩画，

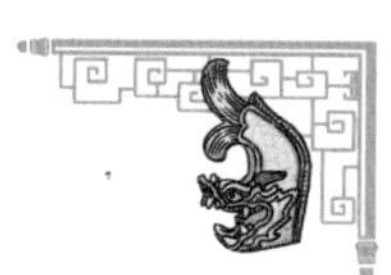

也有部分旋子彩画，这三种彩画不仅画风各异，而且在等级上处于不同的地位。

和玺彩画是清代建筑中等级最高的彩画，枋心内画金龙、凤凰等各种象征皇权至上的纹样，色彩以青绿为基调，贴制大片金箔于沥粉凸起的图案上，取得金碧辉煌的效果。这种彩画只用于等级最高的建筑，比如全园的中心——排云殿，皇帝理政的殿宇——仁寿殿，以及园中重要的建筑——佛香阁。

旋子彩画的等级低于和玺彩画，是由多层旋转且动感很强的花瓣组成的团花纹饰，在颐和园内廊如亭、涵虚堂宫门、乐寿堂等处均可见到。

苏式彩画的特点是图案和绘画相结合，彩画中最大的画面呈半圆形，叫做“包袱”。苏式彩画题材范围很广，有花鸟山水、人物故事、建筑风景等。慈禧太后非常喜欢苏式彩画，所以颐和园建筑上苏式彩画最多，最精彩的集中在长廊，其上所绘故事大多取自中国古典名著，如四大名著、《聊斋志异》等。

颐和园佛香阁

此外，颐和园还用琉璃装饰屋面，色彩富丽的琉璃在阳光的照射下使建筑笼罩了一层金光闪闪的光环，更加衬托出皇家园林的庄严宏伟与金碧辉煌。此外，琉璃还被广泛应用于园中的建筑小品上。例如，颐和园的多宝琉璃塔，塔身用黄、绿、青、蓝、紫五色琉璃砖镶嵌而成，并且镶贴上用琉璃制成的小佛像，精美绝伦。

砖雕

砖雕是颐和园建筑装饰的重要组成部分。颐和园现存的清代砖雕达 1 300 余处，不仅种类繁多，而且工艺精美。清漪园时期的砖雕刻画精美细致，构图严谨规整，技艺

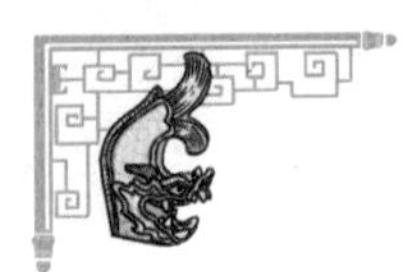

娴熟丰富。其中应用最多的是透风雕饰，大部分都用了三到四个层次来表现。砖雕的表现题材也多种多样，透风雕饰常用菊花、荷花等图案来刻画，影壁、墙面的纹饰图案则以福寿吉祥为主。此外，还有以民间传说中的八仙法器组成的八吉祥纹；借用谐音达到暗喻的花卉纹饰，如寓“玉堂富贵”之意的玉兰、海棠和牡丹；由团寿字加蝙蝠图案与万字结合的纹饰，寓意“福寿无边”；等等。砖雕装饰还显示了森严的等级制度。如等级最高的天子理政的场所——仁寿殿，其影壁雕有“蛟龙闹海”纹；而等级相对较低的石舫，其西式船舱楼顶部的砖雕装饰则为西洋卷草纹样。

（二）离宫典范——承德避暑山庄

承德避暑山庄是我国最富有艺术特色的皇家园林。作为离宫，它没有紫禁城的拘谨刻板，却又拥有皇家的气魄和闺中的秀美，是南北文化融合的代表。

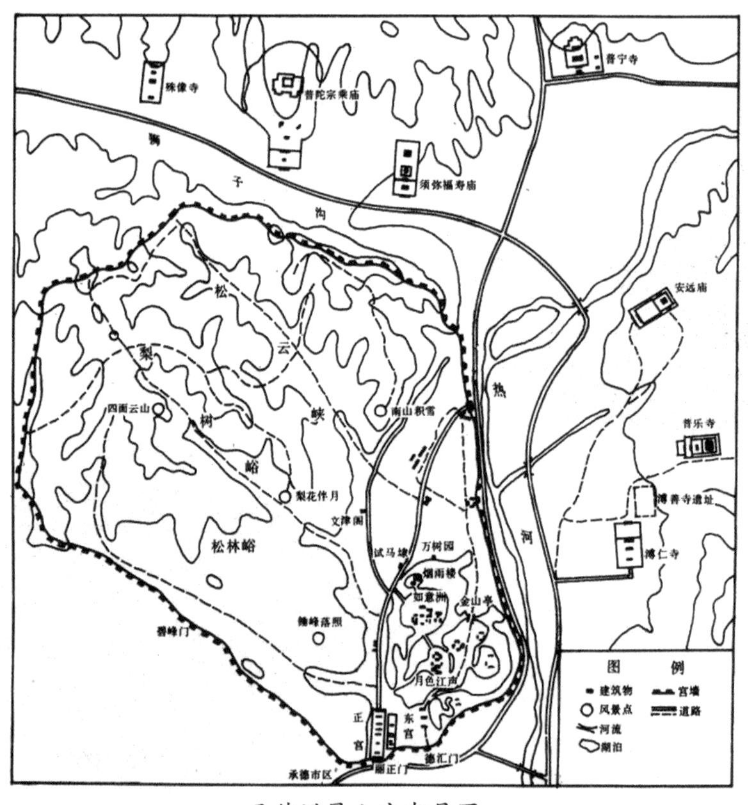

承德避暑山庄布局图

承德避暑山庄分宫殿区、湖泊区、平原区、山峦区四大部分。宫殿区是皇帝处理朝政、举行庆典和生活起居的地方。湖泊区层次分明，洲岛错落，碧波荡漾，富有江南鱼米之乡的特色。平原区地势开阔，有万树园和试马埭（dài），碧草茵茵，林木茂盛。山峦区面积约占全园的五分之四，山峦起伏，沟壑纵横，众多楼堂殿阁、寺庙点缀其间。整个山庄东南多水，西北多山，是中国自然地貌的缩影。

承德避暑山庄及周围寺庙是现存最大的古代帝王苑囿和皇家寺庙群。它最大的特色是依托自然地形之势，烘托出皇家园林的规模宏大，做到了园中有山、山中有园，同时也满足了皇家园林独特的功能需求，实现了“宫”与“苑”形式上的完美结合，使帝王能够兼顾“理朝听政”与“游憩娱乐”，实现了功能上的高度统一。在造园上，它继承和发展了中国古典园林“虽为人作，宛自天开”“以人为之美入自然，符合自然而又超越自然”的、人与自然和谐统一的传统造园思想，成为自然山水园林与建筑园林化的杰出代表。

承德避暑山庄风光

细节看设计思想

乾隆说：“略师其意，就其自然之势，不舍己之所长。”这句话的意思是：造园应是贵在神似而不拘泥于形似的艺术的再创造，能够结合本身的环境、地貌特点和皇家园林的要求，发扬自己的优势。承德避暑山庄的规划

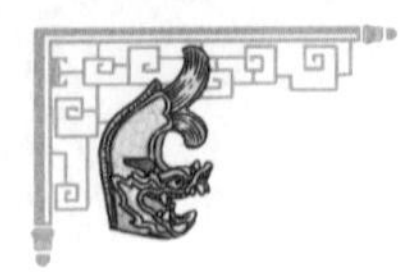

便体现了乾隆的这一造园思想。造园者将帝王统治疆域内各地的特色风光都进行了艺术的再创造，集南北风景于一园之内，表达了封建统治者“移天缩地在君怀”的宏大气魄。

承德避暑山庄一角

承德避暑山庄既有浓郁的江南水乡情调，又有塞外草原风光，还有象征北方延绵起伏的山岳，将北方的宏大气势与南方的小巧精致融为一体，借用景点的移植达到了南北的大一统。例如，文津阁便是效仿了宁波天一阁的建筑形式；金山亭则再现了湛江的金山之景；文园狮子林直接效仿了苏州著名的园林狮子林；还有取自嘉兴南湖烟雨楼之名的烟雨楼。这些模仿并不是单纯的借鉴或抄袭，而是在北方特点的基础上进行了艺术的再创造，使北方宫廷园林融入了南方民间艺术的诗情画意，追求神似而不拘泥于形似，充分体现了乾隆的造园思想。

（三）中西合璧——圆明园

圆明园位于北京市西郊，原为清代一座大型皇家御苑，平面布局呈倒置的品字形，由圆明园、长春园、绮春园三园组成，总面积达 350 公顷。它的陆上建筑面积和故宫一样大，水域面积又等于一个颐和园，是清朝帝王在 150 余年间创建和经营的一座大型宫苑，被誉为“万园之园”。

圆明园大水法遗址

圆明园可以说是中西合璧的典型案例。

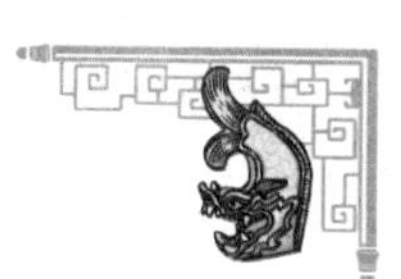

在圆明园中有这样一片独特的园林区域，当时清朝皇帝为了追求生活乐趣，引进了欧式园林建筑，俗称“西洋楼”。整个园区由西方传教士设计指导，由中国匠师建造。西洋楼景区占地面积虽小，却是仿建欧式园林的一次成功尝试，在东西方园林交流史上有重要地位，曾在欧洲引起强烈反响。西洋楼景区的建筑形式是欧洲文艺复兴后期的巴洛克风格，外形自由、装饰奢华，色彩艳丽。

西洋楼景区中最有名的景观小品当属大水法，这是一处喷泉景观，水池中采用了具有中国特色的狮子头、猎犬和鹿等动物形态，取代西方以人物为主体的形式，场面壮观有趣。背景中融合十犬逐鹿的中国典故，依稀透露着乾隆皇帝“逐鹿世界”的野心和梦想。

西洋楼景区中最大的一栋建筑物是海晏堂，“海晏”一词有“河清海晏，国泰民安”之意。在海晏堂正楼前的扇形水池正中设有喷水台，两岸设十二石台，台上排列着表示十二时辰的十二生肖像。这些生肖像皆兽首人身，头部为铜质，身躯为石质，中空连接喷水管，每隔一个时辰（两小时），代表该时辰的生肖像便从口中喷水；正午时分，十二生肖像口中同时涌射喷泉，蔚为奇观。用十二生肖像取代西方裸体雕像，这种引入西方建筑艺术的同时又不违背中国传统文化价值观念的做法体现了当时中西结合的创新与传承。

圆明园猴首铜像

圆明园体现了中国古代造园艺术之精华，是当时最出色的一座大型园林。乾隆皇帝说它：“实天宝地灵之区，帝王豫游之地，无以逾此。”圆明园在世界园林建筑史上也占有重要地位，可惜在英法联军入侵北京时那一场震惊中外的浩劫之中，无数的珍宝和建筑奇迹都被劫掠或焚毁，只留下部分残垣断壁，令世人无限惋惜！

三、小中见大的私家园林

我国的私家园林主要集中在苏州、扬州和岭南地带，大多由于空间有

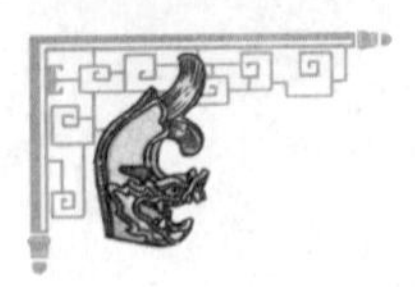

限，规模不如皇家园林，一般采用灵活多变的手法，得以在有限的空间内仿造自然山水的形象，并且十分讲究园林的细部处理。它所表现的风格为朴素、淡雅、精致而又亲切。园主多是文人、学士出身，能诗会画，风雅脱俗，这些私家园林的营造也体现了园主的情感寄托。

（一）王者之气——拙政园

“江南园林甲天下，苏州园林甲江南。”提到苏州园林，首推的便是拙政园，清代学者俞樾曾以“吴中名园惟拙政”“名园拙政冠三吴”来赞誉。拙政园在苏州赫赫有名，是苏州古典园林中面积最大的园林，也是我国四大古典名园之一。

精巧布局

拙政园占地约78亩。全园包括三部分，东部的“归田园居”、中部的“拙政园”，西部的“补园”，东、中、西三园相对独立，景色各具特色。东园的平冈远山、松林草坪配上山池亭榭、竹坞曲水，开阔而又疏朗。中园是全园的精华所在，以水池为中心，池广树茂，亭台楼榭依水而建，错落有致、主次分明，给人疏朗闲适的感觉。西园的建筑比较华丽、紧凑。三园各具特色又彼此互补，有山体、树木和建筑互相掩映；有漏窗、门洞加以借景、框景；还有水系相互贯通。园景以水为中心，有浓郁的江南水乡特色，厅榭典雅、山水环绕、花木繁盛、步移景换，处处充满了诗情画意，体现了拙政园水木明瑟、古朴自然的艺术风格。

拙政园海棠春坞

地处闹市的江南私家园林，虽然满足了园主居家之便，却少了隐居自然的幽静氛围。为了闹中取静，营造素雅并具有野趣的、自然的园林环境，城市宅园多以高大的院墙作为边界，围合出相对封闭的内部环境。为了扩大空间感、加强宅园与外部环境之间的联系，借景园外便成为重要举措，正所谓

“晴峦耸秀，绀宇凌空，极目所至，俗则屏之，嘉则收之”。

苏州古城的庙宇寺观众多，在拙政园的西侧有著名的江南古刹——北塔寺。拙政园在布局上巧妙地将此塔借入园中，并形成自“梧竹幽居”至北塔寺的纵深观景线，不但扩大了宅园的空间感和景深层次感，而且加强了宅园与外部环境之间的联系，同时弥补了园中无塔的缺憾。

追根溯源

拙政园是明朝御史王献臣因官场失意，返回家乡后请大画家文征明为其画图设计后建造的。“人在山林，志存高远”，他们对一个水洼“稍加浚（jùn）治，环以林木”，根据原有的地形能挖池就挖池，把挖出来的泥土堆积起来形成山体，再在池边、山上添上亭台楼阁，最终形成了拙政园。

赏精美建筑，品诗情画意

1. 西部景区

（1）卅六鸳鸯馆。

卅六鸳鸯馆

卅六鸳鸯馆是西花园的主体建筑，精美华丽，南部叫“十八曼陀罗花馆”，北部叫“卅六鸳鸯馆”。一座建筑同时有两个名字，这是因为该建筑为古建筑中的一种鸳鸯厅形式，即以屏风、罩、纱槅将一座大厅分为两部，梁架一面用扁料、另一面用圆料，似两进厅堂合并而成，其作用是南半部宜于冬、春，北半部宜于夏、秋。

与谁同坐轩

（2）与谁同坐轩。

小亭非常别致，修成折扇状，依水而建，平面形状为扇形，屋面、轩门、窗洞、石桌、石凳及轩顶、灯罩、墙上匾额、鹅颈椅、椅栏均呈扇面状，故又称作“扇亭”。

2. 中部景区

（1）雪香云蔚亭。

雪香，指梅花。云蔚，指花木繁盛。此亭适宜早春赏梅，亭旁植梅，暗香浮动。它位于岛的中央至高点，在这里向周围瞭望，只觉中部花园如一幅

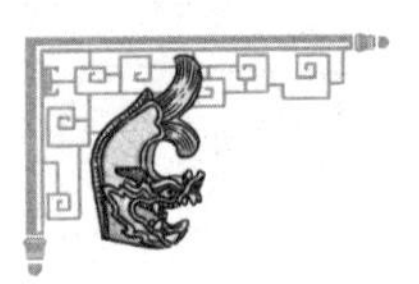

精美绝伦的画卷。“山花野鸟之间”是对苏州古典园林“天人合一”“顺应自然”的哲学思想和“咫尺山林”“小中见大”的审美观念最通俗、最绝妙的注解。

（2）荷风四面亭。

荷风四面亭坐落在园中部池中小岛上，亭名因荷而得，四面皆水，莲花亭亭净植，岸边柳枝婆娑。亭单檐六角，四面通透，亭中有抱柱联：“四壁荷花三面柳，半潭秋水一房山”。

雪香云蔚亭

荷风四面亭

（3）小飞虹。

小飞虹是苏州园林中极为少见的廊桥。朱红色桥栏倒映水中，在水波粼粼中宛若飞虹，故得名“小飞虹”。古人以虹喻桥，用意绝妙。它不仅是连接水面和陆地的通道，而且构成了以桥为中心的独特景观，是拙政园的经典景观之一。

小飞虹

拙政园中的建筑分为两种，一种是临水而建的亭、台、轩、榭，与水面融为一体；另一种是自成院落的厅、堂、轩、馆，紧凑而富有趣味。园中建筑分布疏密对比强烈，且多处运用框景、对景、借景等手法设计建造。园中的很多匾额、对联、碑文石刻都出自名家之手，书法精妙，直接将景观的主题点明，构成了丰富的文化景观，使园林增添了诗情画意，给人以无限遐想的空间。

谈理水景观，赞精湛技艺

从总体来讲，拙政园是一个以水为园的建筑，水占了近一半的面积，所

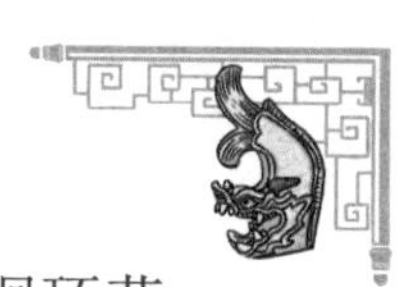

有的建筑都围绕水而展开来营造景致。这种分散用水的方法使水陆迴环萦绕，给人以来去无源头及不可穷尽之感。

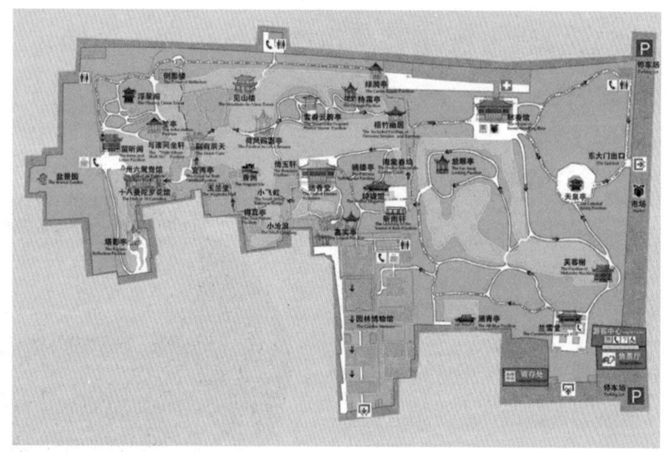

拙政园平面图

拙政园向来以“林木绝胜”著称。以植物为主景的景观点缀其中，如远香堂、荷风四面亭的荷（“香远益清”“荷风来四面”）；倚玉轩、玲珑馆的竹（“倚楹碧玉万竿长”“月光穿竹翠玲珑”）；待霜亭的桔（“洞庭须待满林霜”）；海棠春坞的海棠；柳荫路曲的柳；嘉实亭的枇杷；得真亭的松、竹、柏；等等。

拙政园的荷花

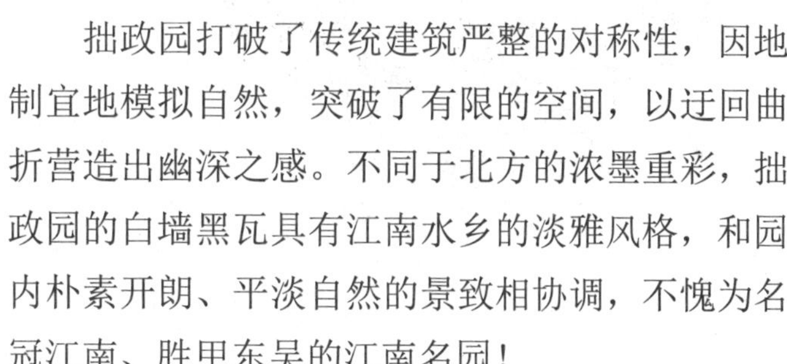

拙政园打破了传统建筑严整的对称性，因地制宜地模拟自然，突破了有限的空间，以迂回曲折营造出幽深之感。不同于北方的浓墨重彩，拙政园的白墙黑瓦具有江南水乡的淡雅风格，和园内朴素开朗、平淡自然的景致相协调，不愧为名冠江南、胜甲东吴的江南名园！

（二）步步生趣——狮子林

狮子林原是禅宗惟则禅师的隐栖之处，因此整个园林散发着浓浓的禅宗意味，形成了有别于苏州文人山水写意派园林的特色。

狮子林面积约16亩，全园布局紧凑，东南多山，珠峰罗列，长廊环绕；北部多竹，名“翠谷”，有翠竹数万竿；西北多水，绿波轻盈，池中有六角

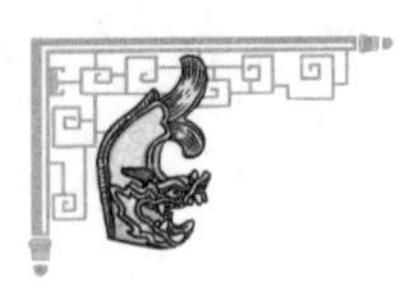

亭与曲桥相连，沿桥入亭，如履水面；中部为假山，约占全园面积的五分之一，是我国古典园林中最著名的假山群。在名园荟萃的苏州，狮子林以石峰林立、造型奇巧的假山群闻名于世，为苏州四大名园之一。“人道我居城市里，我疑身在万山中”成为其真实写照。世界建筑大师贝聿铭赞其为“天然画本”。

禅意园林

狮子林始建于元代，是菩提正宗寺的后花园，已被列入世界文化遗产。狮子在佛教中被视为神兽，佛经中称“佛为人中狮子”。因此，狮子林山的立意即以佛经狮子座拟态造型，采用比喻、夸张、借代等手段，汇集佛教故事中珍禽异兽之精华。园内姿态各异的狮石狮峰，多达500座。据说，当年乾隆皇帝在园中游玩时，曾一一指出园中山石何为少狮、何为狮舞、何为狮子吼、何为蹲与睡、何为搏斗、何为抚球相斗等共五百种形象，数尽五百狮子名，并隐合五百罗汉身；左右随从就其所指而仔细审视，竟然无不相像，于是狮子林更为声名远扬。

狮子林

狮子林中的狮子石

“假山王国”，乐趣横生

苏州园林甲江南，狮子林假山迷宫甲园林。

狮子林的假山是中国园林大规模假山的仅存者，具有极其重要的历史价值和艺术价值。山洞采用迷宫式的做法，通过山洞间蜿蜒曲折、错综复杂的洞穴相连，以增加游人兴趣，故其山用“情”“趣”二字概括更佳。

假山中九条趣味各异的进山路线象征着佛教中的“九九归一”、殊途同归之意；而设计的三层假山分别代表人间、天堂、地狱三重境界，穿游其

间，体味人生百态。其横向极尽迂回曲折，竖向力求回环起伏，把有限空间里的游览路线延长到无以复加的地步，体现了一种“取势在曲不在直，命意在空不在实”的造园思想，也包含了以显寓隐、以实写虚、以有限见无限、追求含蓄朦胧的审美境界的禅宗思想。

据传，乾隆皇帝当年下江南游玩狮子林时，在这座假山迷宫里走了两个时辰也没有走出去。清代学者俞樾赞誉狮子林“五复五反看不足，九上九下游未全”。

狮子林假山奇石

狮子林沧桑变迁数百年，虽园貌变化巨大，但诸峰如旧、丘壑依然。乾隆皇帝“一树一峰人画意，几弯几曲远尘心”的赞誉，仍蕴含在此园中。

（三）竹影四季——个园

个园位于扬州古城东北隅，是清代扬州盐商黄至筠宅邸的私家园林，以遍植青竹闻名，更以春夏秋冬四季假山取胜。园中布局为人居三分之一、石踞三分之一、竹踞三分之一，由此可见个园的竹、石比例之重。

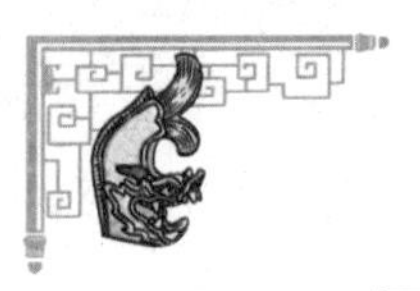

园主黄至筠生性爱竹，并想借竹来代表自己的品位。因此个园内植竹万株，就连个园的“个”字都是由竹而来，竹也成为个园的灵魂。

人居建筑的五色观

园中的建筑在用色方面采用了青、赤、黄、白、黑的“五色”审美标准。如：住宅的黑白两极，黑色的瓦屋面，白色石材的踏步、铺地等；灰色、青色则用于墙体砌砖和灰缝等，成为黑、白的过渡色；黄色则主要体现在大量珍贵木料的本色上。粉墙、青瓦、灰砖、白石，这样的冷色调与古代风水观念相符，同时显示出文人高雅淡泊的情操。

个园

纳四时于一

私家园林往往个性鲜明，不求景多景全，而求其精，以突出自己的特色。拙政园以水为主景；留园山、池建筑并重；网师园以精巧幽深见胜；沧浪亭苍古而清幽。个园异于上述园林之处，在于它巧妙利用山石在一园之中纳四季风景，季节特征分明，整园景致浑然一体。这种做法，利用空间形象来表现时间的变化，抓住本质，高度概括。

个园的“四季假山”，以时空变化、季节交替的顺序分布其中，划分空间，使人在游园过程中得以享受到“足不出户而壶天自春”的感受。

例如：

春山，花坛中植竹千百竿，犹如一根根破土而出的春笋，暗示着春回大地，是万物复苏的季节。这是生命的起点，也象征着人生的初始阶段。

夏山，利用太湖石凹凸不平和瘦、透、漏、皱的特点，在叠石处理上多而不乱，使整个假山呈现了“似乱非乱”的效果。这是生命成长的阶段，象征着人生

夏山

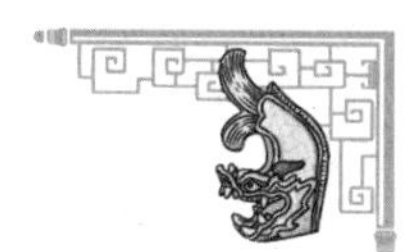

蓬勃发展的过程。

秋山，用黄石堆叠，熟褐色的颜色体现着庄重，气势磅礴。在所有叠山之中，秋山高度最高、最险峻，寓意这是人生的至高点。秋是成熟的季节，是收获的季节，秋山象征着人生步入盛年，达到一生中的最高峰。

秋山

冬山，小而低矮，用洁白的宣石贴壁垄叠而成，假山被置于背阴的南墙之下，终年不见阳光，增加了寒意。雪白的宣石如同积雪未消，和寒冬的植物搭配在一起，更增强了“冬”的氛围。在冬山南面的墙上有四排整齐的圆洞，一共 24 个，象征着二十四节气，每当有风从洞口穿过时，“呼呼”的风声营造出冬天北风呼啸而过的感觉，将冬天的景致表现得淋漓尽致。更为有趣的是，在春景和冬景之间的西面墙上有一圆洞，巧妙地引取隔墙的春意入院，透过此洞，望一眼春山的竹子，不禁使人产生“冬天已经来了，春天还会远吗？”的感受。冬山象征着衰败、死亡，象征着人的生命到达了尽头。在这里，四季假山皆入其中。春夏秋冬四季，象征着人从出生到死亡的整个过程；而西面墙的圆洞，又体现了佛教中轮回的思想：生命的终点，同时也是起点。

冬山

万竿竹林的多彩

个园的植物配植比重最大的，自当属“竹”。在风水理论中，竹可卫财。园中竹有 36 种之多，被称作“竹西佳境”。竹既有风雅宜人的姿态，又具竹报平安的寓意，其刚劲挺拔、洁身自好的品格备受世人推崇。

个园入口处的竹子

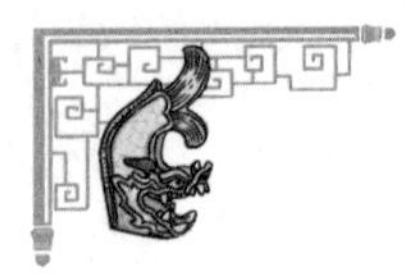

四、功能兼具的寺观园林

在中国古典园林中，寺观园林的数量远超皇家园林和私家园林这两种园林的总和，且分布更广。寺观园林的兴起可以追溯到佛教传入中国的东汉时期，主要指佛寺、道观的园林，包括寺观内部庭院和外围的园林化自然环境。寺观园林大部分建造在名山大川之中，如武当山南岩宫；也有建造在城内风景优美的地区，如西湖的灵隐寺。这些寺观园林也都非常注重人与自然的结合。

（一）云林禅寺——灵隐寺

中国园林素有“虽为人作，宛自天开”的美名，即使是人工精心雕琢的园林小景，也精致得如同大自然遗留在人间的瑰宝。可见，再巧夺天工的艺术成就，也需要取法大自然的美好。灵隐寺号称惊世之作，是典型的寺庙园林，其坐落于优美的西湖之畔。

灵山秀水看西湖

杭州西湖三面环山，一面临城，全湖面积达 6.39 平方千米，是杭州市一颗闪亮的明珠。站在宝石山上极目远眺，沿湖四周，繁花似锦，缀成一个色彩缤纷的巨大花环，点缀着环绕的翠绿三山。走进西湖，苏堤、白堤仿佛两条绿色缎带，飘逸于水面。三潭印月、阮公墩、湖心亭三岛鼎立湖心，仿佛海上仙山。行走于西湖畔，辗转于亭台楼阁、轩榭馆舍之中，感受到的尽是诗情画意。

山水相映是西湖地区最美丽的特征。“水光潋滟”“山色空蒙”的西湖，西南有龙井山、理安山、南高峰、烟霞岭、大慈山、灵石山、南屏山、凤凰山、吴山等，总称南山；北面有灵隐山、北高峰、仙姑山、栖霞岭、宝石山等，总称北山。这些山峰起自天竺，终于天目，它们像众星捧月一样，围绕着

西湖十景之断桥残雪

西湖这颗明珠，山水相称，相得益彰。

千年古刹灵隐寺

灵隐寺，又名云林寺，江南著名古刹之一，杭州最早的名刹，也是中国佛教禅宗十大古刹之一。

大雄宝殿

清朝康熙皇帝南巡时，曾登寺后的北高峰顶揽胜。他看到山下云林漠漠，整座寺宇笼罩在一片淡淡的晨雾之中，显得十分幽静，于是就赐名灵隐寺为“云林禅寺”。现在天王殿前的那块“云林禅寺”巨匾，就是当年康熙皇帝的御笔。灵隐寺确实深得“隐”字的意趣，整座雄伟的寺宇就深隐在西湖群峰密林的一片浓绿之中。寺前有冷泉、飞来峰诸胜。据说苏东坡守杭时，常携诗友僚属来此游赏。

弥勒佛石像

灵隐寺园林形态主要由寺内庭院及周边环境所构成，寺院内部与其他寺庙基本相仿，但其独特的地理位置造就了独特的景观环境。石刻为灵隐寺的园林造景增添了浓厚的宗教韵味，最为人知的莫过于大肚弥勒和十八罗汉群像。这尊大肚弥勒佛石像是国内最早的大肚弥勒造像，其跣足屈膝、手持数珠、袒胸鼓腹开怀大笑的形象，将“大肚能容容天下难容之事，开口常笑笑天下可笑之人”的形象刻画得淋漓尽致，是佛教艺术之瑰宝。

（二）地域特色——罗布林卡

罗布林卡坐落于雪域高原上，是西藏唯一的大型园林。何谓“罗布林卡”？“罗布”是藏语中“宝贵、贵重”的意思，而“林卡”则为“园林”之意。所以，罗布林卡又被称为“宝贝园林”。

追根溯源，历史悠久

罗布林卡的修建从1751年清政府出资为七世达赖喇嘛修建乌尧颇章开始，直至1954年中央政府出资修建达旦明久颇章结束。200余年的修建与扩张，最终形成高原唯一一处集人文、自然景观于一体的大型藏族园林建筑，凝聚了跨越三个世纪的西藏文化艺术的精华。

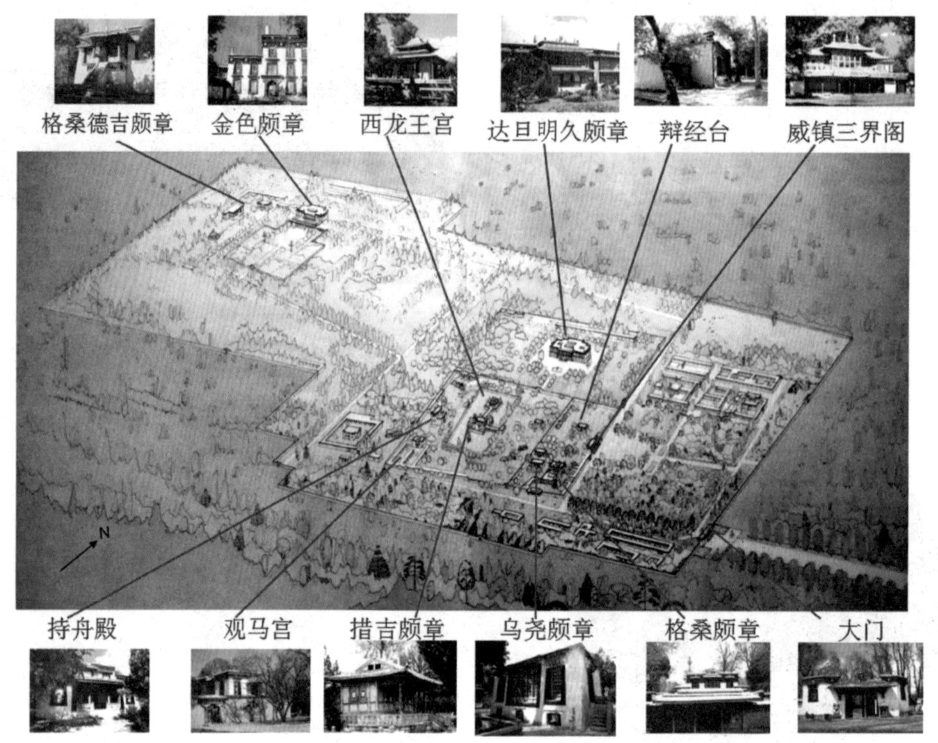

罗布林卡鸟瞰图与布局（宋蕾绘制）

罗布林卡位于拉萨西郊，距布达拉宫约2千米，全园面积相当于北京故宫的一半。最初，罗布林卡作为达赖喇嘛的夏日行宫，与北京颐和园和承德避暑山庄等帝王行宫、离宫功能相似。每当夏季炎暑，达赖便率领众喇嘛来此消暑并处理政务，同时进行宗教活动。长久以来，藏族城镇居民在夏日去野外游乐的习惯就被称为“逛林卡”，也就是游园。

汉藏合璧，形式丰富

罗布林卡从内而外都体现着汉族文化与藏族艺术的结合。来到罗布林卡，映入眼帘的首先是一座气势宏大的宫门，运用了深红、碧绿、金黄的藏式风格的配色，宽大深远的藏式垂花门楼使宫苑的恢弘气势更加浓郁。

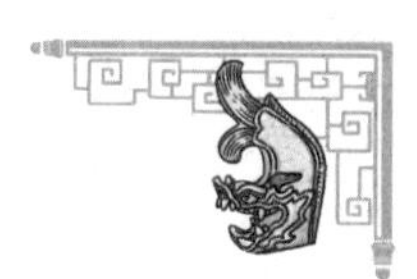

走进罗布林卡的人都可以感受到它营造出的自然与建筑相结合的景观特色。殿阁楼台、假山亭树、林木花草、水池勾栏的融合，体现了汉族传统园林的特点；在建筑造型上也吸收了汉民族坡面屋顶的歇山、攒尖等形式。整个园林处处彰显着浓郁的汉藏结合的园林建筑风格。

民族特色，装饰艺术

罗布林卡不仅在园林的规划和精致的建筑上体现了民族特色，在色彩、装饰等细部上更是具有强烈的藏族文化特点。

西藏罗布林卡之措吉颇章

在色彩的运用上，藏族的艺术家们大胆地运用了原色进行搭配，营造出热情浓郁的氛围，这主要是由地域气候的独特性造成的。西藏高原的海拔高、空气稀薄，尘埃和水汽含量少，空气透明度高，太阳辐射强，因此建筑物常用鎏金屋顶和装饰构件，金光闪闪的屋顶在碧澄的蓝天下闪烁着耀眼的光芒，给整个建筑笼罩上一层光环；各种物体的色彩随着阳光照射而变幻无穷，并且有着不同的寓意：大面积的金黄色象征着繁荣与昌盛；点缀的深红色代表了达赖喇嘛的权

殿堂亭阁台座常配低矮的水平石栏，栏杆为西藏灰白大理石雕

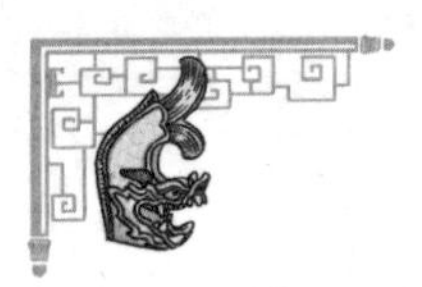

力；部分装饰运用了黑色以驱邪避害；白色寓意内心的安定与宁静；遍布整个园林的绿色则有勃发的生机之意。各种颜色的使用令建筑物充满生机、震撼人心。

罗布林卡犹如一个西藏艺术文化的王国，格桑颇章、金色颇章、乌尧颇章等建筑内部都绘制了大量壁画，是世界文化遗产之一。其画风严谨细腻，线条流畅工整，色彩活泼丰富，并且注重对景物的刻画，体现出西藏近代影响最大的绘画流派——勉唐画派的风格。壁画的内容与题材丰富多样，主要是历史、人物和宗教画。例如，最大的宫殿——达旦明久颇章中的西藏历史壁画，可以说是西藏地方历史的缩影，同时也是藏传佛教的发展史。而园林中最早的建筑——乌尧颇章内的观马宫的墙面上绘制了数十幅表现马的壁画，形象生动，神态逼真。

罗布林卡不仅是西藏艺术文化的王国，体现了藏民族建筑、绘画、园林设计、雕塑等诸多艺术成就，还是西藏地区的政治、宗教、文化中心之一，体现了汉藏文化的大融合，成为多民族文化交流融汇的象征。

罗布林卡壁画

第五章　尾声

体会完中国传统建筑的卓越成就，回归现实，不免让人有一些担忧。

说到中国的传统城市空间，你首先想到的可能是北方的四合院、南方的里弄等，因为在这些传统的空间里有着很多美好的记忆。例如，清晨起床在小院里逗逗鸟；在院门口的树荫下喝碗豆浆、吃根油条；小朋友们在里弄里追逐嬉戏打闹，所有的活动在亲近人的尺度空间下发生。一位叫罗伯·克里尔（Rob Krier）的建筑师早在20世纪80年代就明确说过，理想的街道宽度就是一个人站在街道中间看得清两边的橱窗。再回头看看当下，城市发展的进程飞速，处处能见二十几米宽的马路、占地几万平方米的封闭小区。人与人之间活动交流的距离一再拉远，一起玩耍、活动的成本越来越高，机会越来越少。甚至一些传统街区的意涵被飞速的城市化进程碾压得荡然无存。

如前文所说，中国的传统建筑是那样丰富多彩，然而到了近现代，受西方现代主义思潮的影响，再加之快速发展的现实需要，越来越多的高楼林立，越来越多千篇一律的建筑出现。当你身处不同的地区，放眼望去，呈现的却是相同的景象：建筑拥有相同的立面，相同的大小。甚至，中国一度成为外国建筑师的试验场，中国本土建筑迟迟无法找到自有的文化脉络。

园林与建筑相辅相成。传统园林与建筑的关系好比孪生兄弟，古人盖房子的时候同时会考虑造园的格局：从建筑的窗户望出去是一个什么石头，这个院子穿过一个月亮门到达另一个院子，等等，步移景异，每个景致都与建筑密不可分。而当代的园林趋向于西方造园的手法，已逐步演变为建筑之外的附属产物：小区的四周为建筑，中间围有一片花园（园林），人们一定要出了建筑才能到达园林，园林与建筑已然分离。

当然，创作是一方面，另一方面还需要唤起人们对传统建筑的保护意识。近年来，国家出台了一系列对传统城市、街区、建筑等的保护措施，并且出资保护、修复。路在脚下，事在人为。越来越多的人开始关注并参与保护中国传统建筑。同时，也涌现出一批古为今用的保护性实践作品，例如北京798艺术区、上海新天地、上海1933老场坊艺术区等。

结 语

先人们在悠悠五千年的历史中，不断尝试各种建筑材料，改进建筑技艺，融入实用与艺术的元素，给我们留下了丰富多彩、精美绝伦的建筑财富。这些建筑如珍珠落玉盘般散落在中国山川大地之间，是价值连城的古董，也是令人叹为观止的艺术品，甚至还成为我们精神上、信仰上不可取代的神圣殿堂。

“建筑是凝固的历史。”在太平盛世与绵延烽火里，建筑不曾言语，却仍以形体一次次诉说着每一个时代的哀愁与美丽。在唐诗宋词韵律与汉赋元曲的铺陈中，建筑从不曾缺席，一回回展现着亭台楼阁深锁的人影和宫庙寺观洗涤后的心灵。这看似不起眼的一砖一瓦、一雕一画、一水一树、一景一物，却造就了深具意涵与生活哲学的东方建筑体系。

建筑像人一样会老去，没有不朽的可能。阿房宫久逝，圆明园已毁，长城不再万里，胡同老街何日再展风华？“秦时明月汉时关”，明月今犹在，景物已全非。然而，曾在其间创造出的神圣庄严、精致美好，却可以让我们心驰神往。

历史无法复制，也不必一味崇古而贬今。金銮殿上的国家大事跟天桥下的通俗故事，建筑永远都是背景也是舞台。拿掉了这个布景，我们将会何其空洞与无依无靠？中华民族几时能在建筑上重现骄傲？

如果能结合固有建筑的优点而发展出现代风貌，设计出让我们在感受与使用上更上一层楼的建筑，自然也是我们所乐见的。但是，几千年来先民在建筑上的心血、智慧与宝贵经验，是我们不能轻易忘却与视而不见的，因为我们无法从零开始，更难以满足仅是遮风避雨的原始简单考量了。

本书只有一个目的，即让你见识中国传统建筑的美好，体会它存在的意义与带给人们的审美价值。在此基础上，我们才可以住出学问来、盖出具有中国意蕴的房屋。对于建筑，除了赞叹与感叹，对传统的延续能让我们更快、更好地实现这个梦想。

如果这个简单的目的能引发不简单又不平凡的建筑概念，那么，书里的

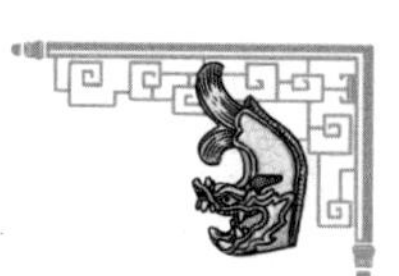

这些文字与图片就如同一砖一瓦一般，卑微却又坚固地筑起了一条条通往梦想的道路。

只要我们有心，对建筑有情，依旧可以为自己、为子孙、为世界上喜欢中国建筑风格的人，再打造出这个时代的中国建筑。但在这之前，好好保存与领略中国建筑里那些美好的与必要的特点，我们才能自豪地诠释这个时代的建筑新概念，建造出承载我们民族文化的现代建筑。

参考文献

[1] 王绍周，陈志敏．里弄建筑 [M]. 上海：上海科学技术文献出版社，1987：1、34-35、48.

[2] 沈华．上海里弄民居 [M]. 北京：中国建筑工业出版社．1993：13-14、37.

[3] 曹炜．开埠后的上海住宅 [M]. 北京：中国建筑工业出版社，2004.

[4] 伍江．上海百年建筑史 1840-1949[M]. 第二版．上海：同济大学出版社，2008：134、829.

[5] 阮仪三．江南水乡古镇的特色、价值及保护 [J]. 城市规划汇刊，2003(8)：23-25.

[6] 阮仪三．中国江南水乡古镇 [M]．杭州：浙江摄影出版社，2002.

[7] 曹茂，吴晓敏．从丽江古城看汉族与纳西族的建筑文化交流 [J]. 云南农业大学学报（社会科学版），2014（2）：50-53.

[8] 段松廷．风格独特的丽江纳西族民居 [N]. 中华建筑报，2001-02-06.

[9] 楼一华，王峰．丽江大研古镇聚落文化内涵探讨 [J]. 建筑与文化，2015（6）：163-164.

[10] 雷永辉，郭新，邱明坤．建筑的本土设计探讨——以重庆地区为例 [J]. 四川建筑，2013（1）：32-33.

[11] 周荣蜀，舒莺．民国时期南京、武汉、重庆三座城市的历史文化内涵与建筑个性的比较分析（下）[J]. 重庆建筑，2013（8）：55-58.

[12] 余熙文．探析重庆吊脚楼对山地建筑的启示 [J]. 湖北科技学院学报，2014（6）：152-153.

[13] 褚冬竹．遗传与进化——重庆当代建筑观察 [J]. 建筑技艺，2014（8）：30-33.

[14] 罗明刚．重庆城市陪都建筑风貌的传承与再现 [D]. 重庆：重庆大学，2012.

[15] 兰鹏．重庆市渝中半岛城市空间文化结构研究 [D]. 西安：西安建筑科技大学，2013.

[16] 徐嘉．“乐活文化”引导下的重庆既有街区更新规划研究 [D]. 重庆：重庆大学，2011.

[17] 罗小未，伍江．上海弄堂 [M]. 上海：上海人民美术出版社，1997.

[18] 郭博．正在消逝的上海弄堂 [M]. 上海：上海画报出版社，1996.

[19] 郑思礼．故国平居有所思——丽江古城民居的建筑文化 [J]. 建筑与文化，2011（6）：96-99.

[20] 和勇．世界文化遗产丽江古城建筑艺术 [J]. 民族艺术研究，2006（2）：64-68.

[21] 唐敬举．丽江古城景观空间形态研究 [D]. 昆明：西南林学院，2008.

[22] 张烨．海口百年风雨老骑楼初探. 中国近代建筑研究与保护（五）[A]. 北京：清华大学出版社，2006.

[23] 梁思成．中国建筑史 [M]. 天津：百花文艺出版社，2005.

[24] 潘谷西. 中国建筑史 [M]. 第 4 版. 北京：中国建筑工业出版社，2001.

[25] 王鲁民. 中国古典建筑文化探微 [M]. 上海：同济大学出版社，1997.

[26] 史论编写组. 中国建筑史 [M]. 第 3 版. 北京：中国建筑工业出版社，1993.

[27] 畲念，储坤．中国古代建筑的群体意识 [J]. 四川建筑，2002(5).

[28] 潘明娟．秦始皇陵营建观念初探 [J]. 唐都学刊，2014（1）.

[29] 张卫星，秦汉帝陵陵寝制度及其象征研究的思路探析——以秦始皇陵的研究为例 [J]. 中原文物，2010（3）.

[30] 白晓宁．论陕北窑洞的美学意蕴 [J]. 四川戏剧，2015（12）：61-64.

[31] 方李莉．陕北人的窑洞生活：历史、传承与变迁 [J]. 广西民族学

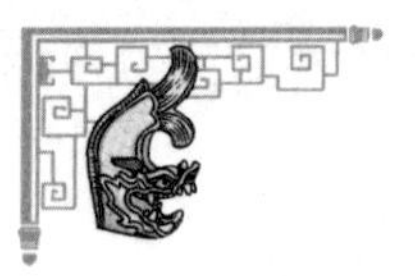

院学报（哲学社会科学版），2003（2）：26-30.

[32] 房海峰．陕北窑洞：黄土地上的家园 [J]．中华民居，2009（2）：78-83.

[33] 田雪红．傣家民居：快绿怡红隐竹楼 [J]．国土资源，2007（4）：46-49.

[34] 童雅琴．傣家竹楼民居艺术的一朵奇葩 [J]．建筑，2005（8）：93-94.

[35] 金子兴，舒春霞．三代竹楼看傣家 [J]．地理教学，2010（16）：59-61.

[36] 高立士．西双版纳傣族竹楼文化 [J]．云南社会科学，1998（2）：78-84.

[37] 徐鹏．中国皇家园林 [M]．北京：中国人民大学出版社，2008.

[38] 王道成．圆明园的建筑与风貌 [J]．北京联合大学学报，2003（1）.

[39] 何重义，曾昭奋．圆明园园林艺术 [M]．北京：科学出版社，1995.

[40] 蓝先琳．中国古典园林大观 [M]．天津：天津大学出版社，2003.

[41] 臧公秀．苏州园林的景观学分析——以拙政园为例 [J]．苏州大学学报（工科版），2009（5）：144-146.

[42] 毛琦红．拙政园“大”之造园个性研究 [D]．杭州：浙江大学，2008.

[43] 饶飞．拙政园空间结构解析 [D]．北京：北京林业大学，2012.

[44] 缪步林．乾隆与狮子林 [J]．城建档案，2003（3）：46-47.

[45] 黄大昭．从个园色彩艺术看扬州盐商的审美取向 [J]．盐业史研究，2011（3）：58-62.

[46] 许达．风水学在个园中的应用 [D]．扬州：扬州大学，2013.

[47] 王潺潺．扬州“个园”的审美特性 [J]．社科纵横（新理论版），2006（1）：108-109.

图书在版编目（CIP）数据

中国建筑浅话 / 北京尚达德国际文化发展中心组编；史芳编著— 北京：中国人民大学出版社，2017.5

（中华传统文化普及丛书）

ISBN 978-7-300-23620-9

Ⅰ.①中… Ⅱ.①北… ②史… Ⅲ.①建筑艺术－中国－普及读物 Ⅳ.①TU-862

中国版本图书馆CIP数据核字(2016)第279536号

中华传统文化普及丛书

中国建筑浅话

北京尚达德国际文化发展中心 组编

史 芳 编著

Zhongguo Jianzhu Qianhua

出版发行	中国人民大学出版社		
社　　址	北京中关村大街31号	**邮政编码**	100080
电　　话	010-62511242（总编室）		010-62511770（质管部）
	010-82501766（邮购部）		010-62514148（门市部）
	010-62515195（发行公司）		010-62515275（盗版举报）
网　　址	http：//www.crup.com.cn		
	http：//www.ttrnet.com（人大教研网）		
经　　销	新华书店		
印　　刷	北京瑞禾彩色印刷有限公司		
规　　格	185mm×260mm　16开本	**版　　次**	2017年5月第1版
印　　张	7.5	**印　　次**	2017年5月第1次印刷
字　　数	110 000	**定　　价**	28.00元
